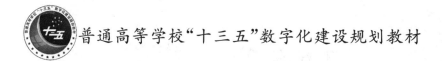
普通高等学校"十三五"数字化建设规划教材

Access 数据库应用技术 实验指导与习题选解

主　编　李湘江　汤琛
主　审　蒋加伏

北京大学出版社
PEKING UNIVERSITY PRESS

内 容 简 介

本书是配合《Access 数据库应用技术》一书编写的实验指导书,全书分为 3 部分:第 1 部分是针对与之配套的教材内容设计的 22 组实验,实验内容基本上是围绕一个图书管理系统开发的全过程而设置的;第 2 部分是配套教材的各章习题解答;第 3 部分是 3 套全国计算机等级考试二级 Access 数据库程序设计仿真试卷及其详解。

本书内容丰富、实践性强,适合高等学校师生使用,也适合作为 Access 培训班教材以及参加全国计算机等级考试二级 Access 数据库程序设计的读者使用。

本书配套云资源使用说明

本书配有微信平台上的云资源,请激活云资源后开始学习。

一、资源说明

本书云资源内容为例题数据库源文件。通过扫描二维码可下载源文件,方便学生学习,提高效率。

二、使用方法

1. 打开微信的"扫一扫"功能,扫描关注公众号(公众号二维码见封底)。
2. 点击公众号页面内的"激活课程"。
3. 刮开激活码涂层,扫描激活云资源(激活码见封底)。
4. 激活成功后,扫描书中的二维码,即可直接访问对应的云资源。

注:1. 每本书的激活码都是唯一的,不能重复激活使用。
   2. 非正版图书无法使用本书配套云资源。

前　言

本书是与《Access 数据库应用技术》一书配套的实验指导与习题选解。为了使选择《Access 数据库应用技术》作为教材的学生能更快、更准确地学习 Access 数据库，特别编写了这本《Access 数据库应用技术实验指导与习题选解》。

全书分为 3 部分：第 1 部分为实训指导，由 22 组实验构成；第 2 部分为各章习题解答；第 3 部分为 3 套全国计算机等级考试二级 Access 数据库程序设计仿真试题及其详细题解。实训和习题解答内容覆盖了教材各章节的知识点，实训内容是围绕某高校图书管理信息系统开发的全过程而设置的，实验指导中给出了上机的操作步骤并配有图例说明，通过实验可以使学生快速掌握开发"数据库应用系统"的方法和过程，读者可以边学边实践，轻松掌握使用 Access 数据库进行程序设计的方法。仿真试题及其详细题解有助于读者了解二级 Access 数据库程序设计考试的内容和方式。

本书由李湘江、汤琛担任主编并编写提纲及统稿。参加编写的有李湘江、汤琛、李波等。

苏文华、沈辉构思并设计了全书数字化教学资源的结构与配置，余燕、付小军编辑了数字化教学资源内容，马双武、邓之豪组织并参与了教学资源的信息化实现，苏文春、陈平提供了版式和装帧设计方案，在此表示衷心感谢。

本书除了配合教材使用外，也可以作为数据库技术培训班教学及读者自学用书。

编　者
2018 年 7 月

目 录

第1部分 上机实验 ····· 1
- 实训 1 Access 数据库入门 ····· 2
- 实训 2 数据库的设计 ····· 6
- 实训 3 创建 Access 数据库 ····· 8
- 实训 4 创建和使用表 ····· 11
- 实训 5 字段的属性设置 ····· 14
- 实训 6 表中数据的排序与筛选 ····· 19
- 实训 7 设置字段索引和建立表间关系 ····· 23
- 实训 8 利用向导创建查询 ····· 27
- 实训 9 创建选择查询和参数查询 ····· 35
- 实训 10 创建操作查询 ····· 40
- 实训 11 SQL 查询的创建 ····· 44
- 实训 12 自动创建窗体和窗体向导创建窗体 ····· 47
- 实训 13 控件的创建及属性设置 ····· 50
- 实训 14 利用设计视图创建窗体 ····· 53
- 实训 15 报表设计(一) ····· 58
- 实训 16 报表设计(二) ····· 67
- 实训 17 宏 ····· 72
- 实训 18 VBA 编程基础 ····· 77
- 实训 19 选择结构 ····· 81
- 实训 20 循环结构 ····· 85
- 实训 21 过程调用 ····· 87
- 实训 22 小型数据库管理系统的设计 ····· 89

第2部分 教程习题参考答案 ····· 90

第3部分 仿真试卷及参考答案 ····· 95
- 全国计算机等级考试二级 Access 数据库程序设计仿真试卷(1) ····· 95
- 全国计算机等级考试二级 Access 数据库程序设计仿真试卷(2) ····· 105
- 全国计算机等级考试二级 Access 数据库程序设计仿真试卷(3) ····· 114
- 仿真试卷参考答案及解析 ····· 121

第1部分 上机实验

　　学习 Access 数据库应用技术,上机实验是一个必不可少的关键环节。它对于将理论应用于实践,实现从书本到生活、从抽象到具体、从枯燥到趣味的转化,从而提高自己的实践技能,有着重要的意义。可以说,没有上机实验,要真正学好 Access 数据库应用技术是不可能的。因此,除了听课和看书外,还要保证足够的上机实验时间。一般来说,上机与讲课时间之比应大于或等于 1∶1。

实训1 Access 数据库入门

【实验目的】

1. 了解 Access 数据库工作窗口的基本组成。
2. 熟悉 Access 的工作环境。
3. 学会查找 6 个数据库对象的相关帮助信息。
4. 学会使用 Access 帮助系统的方法。

【实验内容】

【题 1】启动 Access 2010,打开系统自带的模板数据库"罗斯文"示例数据库。

解题分析:

Microsoft Access 提供了示例数据库,供用户在学习 Access 时使用,如"罗斯文"示例数据库。"罗斯文"示例数据库中包含虚构的罗斯文贸易公司的销售数据,该公司进行世界范围的特色食品的进出口。

操作步骤:

(1) 双击桌面上的 Access 图标 ,或者执行"开始|所有程序|Microsoft Office|Microsoft Access 2010",打开 Access 2010 的主窗口。

(2) 选择"文件"选项卡中的"新建"项,在主窗口中单击"样本模板"打开可用的样本模板,如图 1-1 所示。双击"罗斯文"示例数据库,打开"罗斯文贸易"的启动屏幕,如图 1-2 所示。

图 1-1 Access 2010 窗口后台视图

第1部分 上机实验 · 3 ·

图1-2 "罗斯文"示例数据库的启动屏幕

(3) 单击消息栏上的【启用内容】按钮,关闭启动屏幕,同时打开"登录对话框",如图1-3所示。登录后,可以打开"主页"窗口,如图1-4所示。

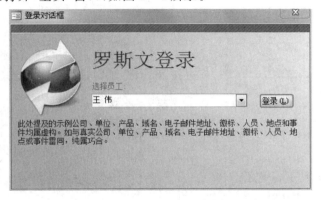

图1-3 "罗斯文"示例数据库的登录对话框

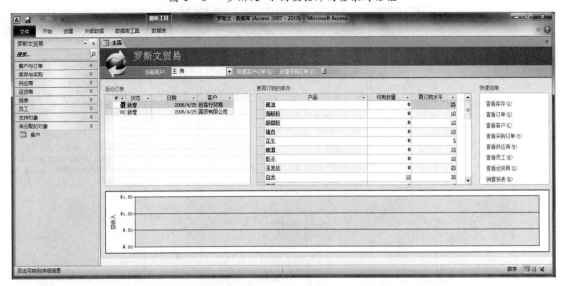

图1-4 "主页"窗口

【题2】查看"罗斯文"示例数据库中的各种数据库对象。

解题分析：

通过查看示例数据库中的数据库对象，启发用户为自己的数据库应用程序做一些考虑。

操作步骤：

（1）单击图1-3所示登录对话框上的【登录】按钮，关闭对话框并显示"主页"窗口，如图1-4所示。

（2）从如图1-5所示的"导航窗格"中，可以查看示例数据库中的各个数据库对象，包括表、查询、窗体、报表等。

【题3】练习使用 Access 帮助功能，使用目录方式查看关于"培训课程"的帮助内容。

解题分析：

在"Access 窗口"标题栏右侧，单击问号按钮（也可按[F1]键）随时进入帮助系统。

操作步骤：

（1）在 Access 主窗口中按[F1]键，打开"Access 帮助"任务窗格，如图1-6所示。

图1-5 导航窗格

（2）单击任务窗格工具栏中【目录】按钮，以目录结构显示帮助信息，如图1-7所示。

图1-6 "Access 帮助"任务窗格

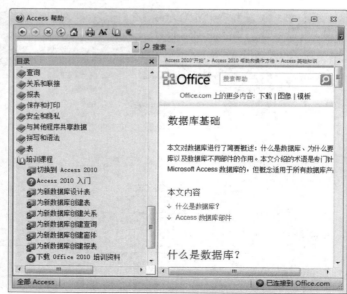

图1-7 "Access 帮助"任务窗格之目录结构

(3) 单击目录结构下的"培训课程"选项,进一步显示有关子选项。目录中图标的含义如表 1-1 所示。

表 1-1　目录窗格中的图标

图标	含义
	可展开,表示含有子项目
	已展开
	在 Web 浏览器中打开在 Microsoft Office Online 中所选择的培训课程
	未连接到 Internet 时,在"帮助"窗口中打开帮助主题;连接到 Internet 时,在 Web 浏览器中打开帮助主题,即可脱机使用
	在 Web 浏览器中打开 Microsoft Office Online 中的文章

(4) 进一步选择所需帮助的子项,可在"帮助"窗口或 Web 浏览器中显示帮助信息。

【题 4】使用不同方式关闭 Access。

下列方法之一均可关闭 Access:

① 单击主窗口右上角的【关闭】按钮。

② 执行主窗口"文件|退出"菜单命令。

③ 按组合键[Alt]+[F4]。

【思考题】

利用联机帮助,进行 Access 入门的学习。

实训2 数据库的设计

【实验目的】

1. 掌握关系数据库设计的一般方法和步骤。
2. 掌握数据库表结构的设计原则和方法。
3. 掌握数据库中表间关系的确定原则。

【实验内容】

【题1】对学校图书管理系统做需求分析。

操作提示:

(1) 调查学校图书管理模式,了解图书管理的基本方法,以及所应具有的基本功能。
(2) 明确图书管理的具体数据和输入输出信息。
(3) 确定信息输入、信息处理、信息安全性及完整性约束所能达到的标准。
(4) 明确计算机在图书管理过程中的工作范围和作用,以及操作人员的工作过程。

【题2】设计"图书管理系统"的关系模式。

操作提示:

由【题1】所做的需求分析,根据数据规范化原则,确定每个实体及实体间联系的属性。
其具体关系模式如下:

读者信息(借书证号,部门,姓名,办证时间,照片)
图书信息(书号,书名,作者,出版社,价格,有破损,备注)
借书登记(流水号,书号,借书证号,借书日期,还书日期)

【题3】将【题2】中的关系模式转化成二维表的描述,如表2-1~2-3所示。

表2-1 读者信息表

借书证号	部门	姓名	办证时间	照片
S20060102	文法学院	雷电	2006-9-30	
S20060203	计通学院	王华晟	2006-9-28	
S20080107	经管学院	刘苏	2009-10-8	
S20080211	经管学院	范诗卉	2008-6-21	
S20090107	计通学院	章晋科	2009-10-8	
S20093101	计通学院	李庚欣	2009-12-12	
T19960003	土建学院	沈小凯	1999-6-20	
T20000010	文法学院	吴天	2000-9-26	

表 2-2 图书信息表

书号	书名	作者	出版社	价格	有破损	备注
J1022	PS 数码照片处理	杰创	科学出版社	22		配实验指导
J1035	大话物联网	郎为民	人民邮电出版社	21		
J1039	网页设计技术	王芳	人民邮电出版社	25	有	配实验指导
L0001	马云传—永不放弃	赵建	中国青年出版社	25		
W1101	数字城堡	丹·布朗	人民文学出版社	36	有	
W2210	边城	沈从文	北岳文艺出版社	15		
W3098	尘埃落定	阿米	人民文学出版社	20	有	
W3105	两宋风云	袁腾飞	中国青年出版社	25		配光盘

表 2-3 借书登记表

流水号	书号	借书证号	借书日期	还书日期
1	W2210	T19960003	2013-1-7	
2	W1101	S20080211	2012-12-2	
3	W1101	S20090107	2012-7-1	2012-12-1
4	W2210	S20080211	2013-1-7	
5	J1035	T19960003	2012-12-10	
6	J1035	S20080211	2012-11-8	2013-1-7

【题 4】表间关系的分析。

操作提示：

(1) 表 2-1 和表 2-3 之间可以通过"借书证号"字段，建立表间的一对多关联关系。
(2) 表 2-2 和表 2-3 之间可以通过"书号"字段，建立表间的一对多关联关系。

【思考题】

在设计"借书登记"表时，没有设置读者"姓名"和"书名"等字段，是基于什么原因？

源文件下载

实训 3　创建 Access 数据库

【实验目的】

1. 学会使用数据库向导创建 Access 数据库的方法。
2. 学会自行创建一个空数据库的方法。

【实验内容】

【题 1】用"任务"模板创建同名"任务.accdb"的数据库文件,并保存在"D:\Access 练习"文件夹中。然后运行该数据库应用系统,了解它的各部分组成和功能。

解题分析:

数据库向导是系统为用户做好的创建数据库的模板程序,用户只要根据向导提出的问题选择答案或回答问题,向导即可根据用户的选择或回答,自动创建一个数据库及数据库对象的基本框架(即只有结构,没有任何数据),之后用户可对所建框架进行修改、完善,并由用户自行录入数据。

操作步骤:

(1) 创建"D:\Access 练习"文件夹。
(2) 启动 Access,打开 Access 窗口。
(3) 在"文件"选项卡中单击"新建"选项,打开"可用模板"任务窗格,如图 3-1 所示。

图 3-1　Access 窗口之新建数据库

(4) 在"可用模板"区域中单击"样本模板"选项,打开数据库"样本模板"窗格,在其中选择"任务"选项。

(5) 确定数据库名称及数据库文件的存储路径("D:\Access 练习\任务.accdb"),如图 3-2 所示。

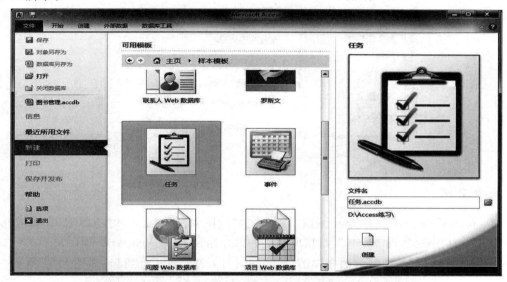

图 3-2 "模板"对话框

(6) 单击【创建】按钮,向导将自动以所选择样本数据库为模板快速创建数据库及数据库对象。

(7) 自动创建工作完成后,系统将自动打开"任务列表"窗体,如图 3-3 所示,窗体中按(任务)功能设置了按钮和相应的信息显示。单击其中的按钮可以执行数据库应用系统相应的功能。

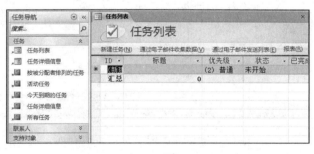

图 3-3 "任务列表"窗体

"任务列表"窗体是已设置的系统启动窗体,使得打开数据库时能自动弹出该窗体。设置自启动窗体的方法是:在"文件"选项卡中单击"选项"命令打开"Access 选项"对话框,选择"当前数据库"页,设置"显示窗体"的值即可,如图 3-4 所示。

(8) 单击"导航窗格"中的"所有 Access 对象"选项,可以查看"任务"数据库中的所有数据库对象。

【题 2】在"D:\Access 练习"文件夹中创建名为"图书管理.accdb"的空数据库文件。

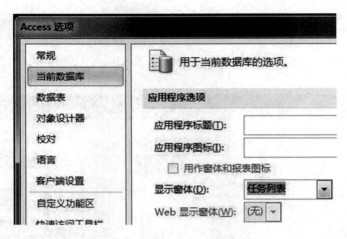

图 3-4 "Access 选项"对话框

操作步骤：

(1) 在如图 3-1 所示 Access 主窗口中，单击"可用模板"窗格中的"空数据库"选项，确定数据库名称为"图书管理.accdb"，数据库文件的保存路径为"D:\Access 练习"。

(2) 单击【创建】按钮完成数据库的创建，同时打开数据库工作窗口，如图 3-5 所示。

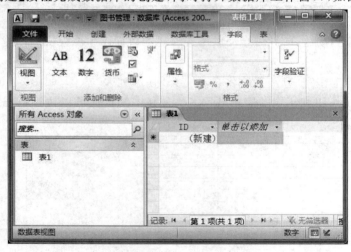

图 3-5 "图书管理"数据库工作窗口

(3) 浏览数据库各对象，可以看到新建的"图书管理"数据库仅有一个空架子，里面没有数据库对象。

【思考题】

1. 如何使用模板建立数据库？
2. 设置默认数据库文件夹有什么意义？怎样设置？
3. 怎样设置系统启动窗体？

实训4 创建和使用表

【实验目的】

1. 熟练掌握数据表的建立方法。
2. 掌握表中字段属性的设置的基本方法。

【实验内容】

【题1】在"图书管理"数据库中创建"读者信息""图书信息""借书登记"3个表。表结构描述如表4-1～4-3所示。

表4-1 读者信息表结构

字段名称	数据类型	字段大小	主键
借书证号	文本	9	是
姓名	文本	5	否
部门	文本	10	否
办证时间	日期/时间	—	否
照片	OLE 对象	—	—

表4-2 图书信息表结构

字段名称	数据类型	字段大小	主键
书号	文本	5	是
书名	文本	20	否
作者	文本	5	否
出版社	文本	10	否
价格	数字	单精度(小数位数2)	否
有破损	是/否	—	否
备注	备注	—	否

说明:"借书证号"字段描述为 $X_9X_8X_7X_6X_5X_4X_3X_2X_1$。其中含义如下:

X_9:表示读者身份,取值为 T 表示教工,取值为 S 表示学生。

$X_8X_7X_6X_5$:表示办证年份(如读者是学生,则为入学年份)。

$X_4 X_3 X_2 X_1$：当年办证的顺序号。

例如，S20090005 表示 2009 级某学生的借书证号；T19950101 表示一个 1995 年办理的教师借书证号。

表 4-3 借书登记表结构

字段名称	数据类型	字段大小	主键
流水号	自动编号	长整型	是
借书证号	文本	9	否
书号	文本	5	否
借书日期	日期/时间	—	否
还书日期	日期/时间	—	否

操作提示：

根据所给出的表结构，以"读者信息"表为例，说明"使用设计器创建表"的方法。

(1) 启动 Access，打开 Backspace 视图，在"文件"选项卡中单击"打开"命令，在随之打开的"打开"对话框中选择打开"图书管理.accdb"数据库。

(2) 单击"创建"选项卡"表格"分组中的【表设计】按钮，打开表设计视图。

(3) 在表设计视图中，定义表的结构（依次定义每个字段的名称、类型及相关属性，并定义主键），如图 4-1 所示。

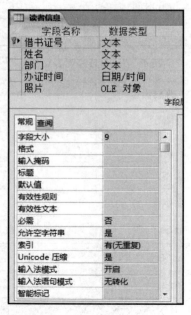

图 4-1 表设计视图

(4) 定义完之后,单击设计视图的【关闭】按钮,弹出如图 4-2 所示的信息框,单击【是】按钮,打开"另存为"对话框,如图 4-3 所示。

图 4-2 提示信息框

图 4-3 "另存为"对话框

(5) 在"另存为"对话框中输入表名"读者信息",再单击【确定】按钮,结束表的创建过程,同时"读者信息"表被自动加入到"图书管理"数据库中。

【题 2】分别利用数据表视图和设计视图两种方法,根据表的结构,建立其余的两个表。完成后的"图书管理"数据库的导航窗格如图 4-4 所示。

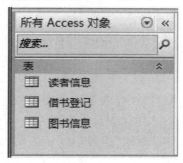
图 4-4 "图书管理"数据库的导航窗格

【思考题】

1. 怎样保存对数据表的设计?
2. 通过数据表视图方法创建的表,怎样设计字段的数据类型?

实训 5 字段的属性设置

【实验目的】

1. 掌握字段常用属性的设置及修改方法。
2. 掌握字段格式属性的设置。
3. 掌握有效性规则属性的功能及设置。
4. 掌握输入掩码的设置。

【实验内容】

【题 1】将"图书管理"数据库的 3 个表中的所有日期型字段的格式设置为"短日期"。

操作步骤：

（1）打开"图书管理"数据库窗口，在导航窗格的表对象中选择"读者信息"表，右键打开快捷菜单，再单击设计视图菜单命令，进入表设计视图。

（2）在表设计视图中，选择"办证时间"字段，在"字段属性"栏中将其"格式"属性设置为"短日期"，如图 5-1 所示。

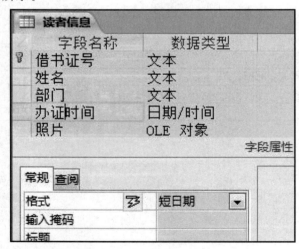

图 5-1 设置"格式"属性

（3）执行"文件|保存"菜单命令，保存对表的修改。如果不主动保存，则在关闭设计视图时，系统将弹出信息框询问是否进行保存。

（4）依次对其他表的日期进行设置。

【题 2】将"图书信息"表的"书号"字段的"标题"设置为"图书编号"；"出版社"字段的默认值设置为"铁道出版社"；"价格"字段的有效性规则为">0"；有效性文本为"价格必须大

于0"。

操作步骤：

（1）打开"图书信息"表的设计视图。

（2）在设计视图中设置如图5-2～5-4所示。

（3）保存设置。

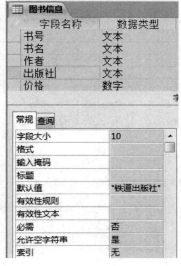

图5-2　设置"标题"属性　　　图5-3　设置"默认值"属性　　　图5-4　设置"有效性规则"属性

【题3】设置"借书登记"表的有效性规则为"还书日期＞借书日期"，有效性文本为"还书日期必须大于借书日期"。

【题4】为"读者信息"表的"部门"字段设置查阅属性，显示控件为：组合框，行来源类型为：值列表，行来源为：计通学院、文法学院、外语学院、科研处、人事处和教务处。

解题分析：

查阅字段是Access数据库中用在窗体或报表上的一种字段。它要么显示来自表或查询检索得到的值列表，要么存储一组静态值。换言之，查阅字段允许用户使用组合框选择来自其他数据源（表/查询）或来自值列表的值。本例设置字段来源为一组静态值，即值列表。

创建这样的字段可以有2种方法：

一是在表设计视图的"数据类型"列表中选择"查阅向导"选项，将会启动向导进行定义；

二是直接在设计视图中"字段属性"栏的"查阅"选项卡中进行属性设置。

操作步骤：

（1）打开"读者信息"表的设计视图。

（2）先选择"部门"字段，然后在右边的"数据类型"列表中选择"查询向导"，打开"查阅向导"第1个对话框。

(3) 选择"自行键入所需的值",如图 5-5 所示。

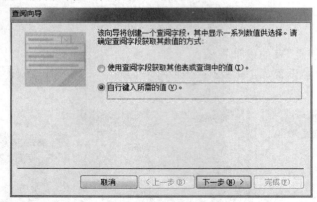

图 5-5 "查阅向导"第 1 个对话框

(4) 单击【下一步】按钮,打开向导的第 2 个对话框,输入所需的一组值,如图 5-6 所示。向导后续对话框略。

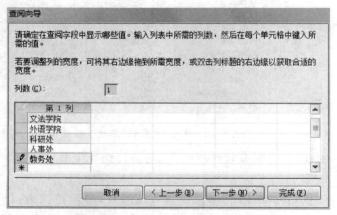

图 5-6 "查阅向导"第 2 个对话框

(5) 当向导完成引导后,就可以在设计视图的"查阅"选项卡中,看到有关的属性设置,如图 5-7 所示,以后在对表的数据录入时,"部门"字段形如组合框,用户可以从下拉列表中选择录入,也可以直接键入。

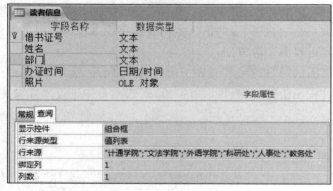

图 5-7 设置"查阅"属性

【题 5】根据表 2-1～2-3 的结构描述，在"读者信息""图书信息"和"借书登记"3 个表中输入记录，照片和备注内容可以自己定义。

操作步骤：

仅以"读者信息"表的数据录入为例说明操作过程：

(1) 在"图书管理"数据库的导航窗格中，双击"读者信息"表，打开"读者信息"表的数据表视图。

(2) 在数据表视图中输入表 2-1 所列的数据。由于"部门"字段的查阅属性设置为"值列表"，因此当光标停留在"部门"字段时，该字段表现为组合框，如图 5-8 所示。

图 5-8 读者信息表

(3) "照片"字段是 OLE 类型，可以嵌入位图文件或链接位图文件到该字段。方法为：右键单击"照片"字段的单元格，在打开的快捷菜单中执行"插入对象"菜单命令，打开"插入对象"对话框，如图 5-9 所示，选择"由文件创建"，并通过单击【浏览】按钮来确定要插入的照片，然后单击【确定】按钮完成插入。若未选择"链接"选项，将在"OLE 对象"字段中嵌入图像，否则是链接到它们。链接占用的空间没有嵌入图像多。

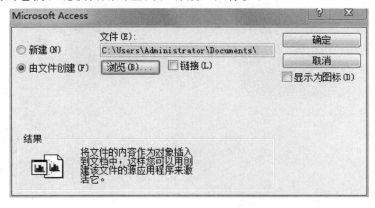

图 5-9 "插入对象"对话框

【题 6】在"读者信息"表中，将"部门"字段移到"姓名"字段的前面，然后增加一个"联系方式"字段,数据类型为"超链接"(存放读者的 E-mail 地址)。

操作步骤:

(1) 打开"读者信息"表的设计视图,选中"部门"字段。
(2) 单击并拖动"部门"字段到"姓名"字段的前面,然后释放鼠标完成移动。
(3) 在"字段名称"的第一个空白单元格中输入"联系方式",选择其数据类型为"超链接",如图 5-10 所示。

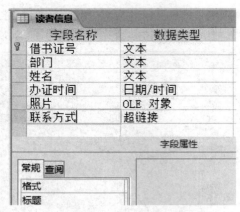

图 5-10 添加字段

【题 7】在"读者信息"表和"图书信息"表中添加两条记录,内容自定。
【题 8】删除"读者信息"表中新添加的两条记录。

【思考题】

1. 创建表有几种方法? 各有什么特点?
2. 请读者使用"复制"和"导出"方法创建表的备份。
3. 通常建议先建立表间关系,再进行数据录入。为什么?

实训 6 表中数据的排序与筛选

【实验目的】

1. 掌握对表中数据的排序方法。
2. 掌握对表中数据的筛选方法。

【实验内容】

【题 1】备份数据库中的 3 个表,以便为后续实验保留原始表。

操作提示:

用复制和粘贴的方法备份数据库中的 3 个表,分别命名为"读者信息-备份"表、"图书信息-备份"表和"借书登记-备份"表。

【题 2】对"读者信息"表按"办证日期"升序排序。

操作步骤:

(1) 打开"读者信息"表的数据表视图。
(2) 单击"办证时间"字段名,选中该列,如图 6-1(a)所示。
(3) 单击"开始"选项卡【升序】按钮,或单击"办证时间"字段名旁边的下拉按钮,执行下拉菜单中的"升序"菜单命令,完成排序,如图 6-1(b)所示。

(a)排序设置实施前　　　　　　　　　(b)排序设置实施后

图 6-1 "读者信息"表排序前后

(4) 在关闭数据表视图时,系统会提示"保存"操作,用户可根据需要选择是否保存排序以后的数据表。

【题 3】对"借书登记"表按"借书证号"排序,对同一读者按"借书日期"降序排序。

操作步骤：

（1）打开"借书登记"表的数据表视图。

（2）单击"开始"选项卡"排序和筛选"分组中的【高级选项筛选】按钮，在下拉列表中选择"高级筛选/排序"命令，打开筛选视图，如图6-2(a)所示。

（3）在筛选视图的设计区域进行选择设置，如图6-2(b)所示。

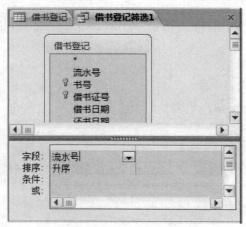 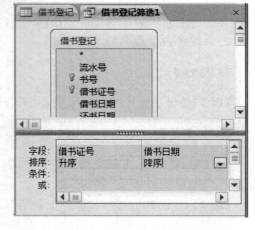

(a)设置前的筛选视图　　　　　　　　　　(b)设置后的筛选视图

图6-2　筛选/排序视图

（4）设置完成后，执行"排序和筛选"分组【高级筛选选项】下拉列表中的"应用筛选/排序"命令，实施对数据表的排序，如图6-3所示，分别给出了排序前后的数据排列。

(a)排序设置实施前　　　　　　　　　　(b)排序设置实施后

图6-3　"借书登记"表排序前后

实施排序前的数据表是按照录入的先后顺序排列数据的，表中"流水号"字段是"自动编号"类型，其值由小至大，是在记录录入时自动生成的。

（5）在关闭数据表视图时，系统会提示"保存"操作，用户可根据需要选择是否保存。选择"保存"操作可保存所进行的排序设置。

【题4】 从"图书信息"表中查找有破损的图书。

操作步骤：

（1）打开"图书信息"表的数据表视图。

（2）单击"排序和筛选"分组【高级筛选选项】按钮，在下拉列表中选择"高级筛选/排序"命令,打开筛选视图,在设计区域进行选择设置,如图6-4所示。

图6-4 筛选视图

"有破损"字段是"是/否"类型,其值为 Yes 或 No。

(3) 设置完成后,执行"排序和筛选"分组【高级筛选选项】下拉列表中的"应用筛选/排序"命令,实施对数据表的筛选,结果如图6-5所示。

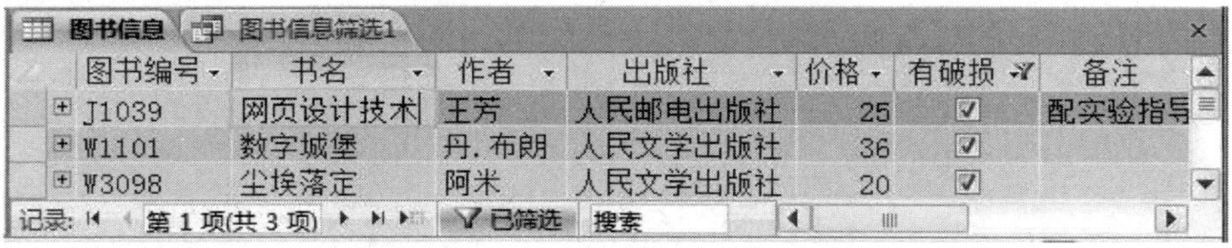

图6-5 筛选结果——有破损的书

(4) 单击"排序和筛选"分组【取消筛选】按钮 ,可以取消对数据表的筛选。
(5) 保存操作与上一题相同。

【题5】从"借书登记"表中查找借书证号为"S20080211"的读者在2012年的借书情况。

操作提示:

利用高级筛选功能,在筛选视图"借书日期"字段的"条件"单元格中输入"＜♯2012/12/31♯ And ＞♯2012/1/1♯";"借书证号"字段的"条件"单元格中输入"S20080211",如图6-6所示,应用筛选后结果如图6-7所示。

图6-6 筛选视图设置

图6-7 "筛选"结果

注意筛选条件的描述与字段的类型必须是相一致的。

【思考题】

1. 在数据表中对汉字排序的依据是什么?
2. 数据表筛选结果保存之后,再次打开该数据表时,如何查看筛选结果?

实训7 设置字段索引和建立表间关系

【实验目的】

1. 掌握设置字段索引的方法。
2. 掌握表间关系创建的方法。

【实验内容】

【题1】在"读者信息"表和"借书登记"表之间按"借书证号"字段建立关系,在"图书信息"表和"借书登记"表之间按"书号"字段建立关系,两个关系都实施参照完整性。

解题分析:

创建表之间的关系时,相关联的字段不一定要有相同的名称,但必须有相同的字段类型,除非主键字段是个"自动编号"字段。

操作提示:

(1) 选择"数据库工具"选项卡。

(2) 单击"关系"分组中的【关系】按钮，打开关系视图和"显示表"对话框,如图7-1所示。

图7-1 "关系"布局窗口和"显示表"对话框

(3) 从"显示表"对话框中双击要作为相关表的名称:"读者信息"表、"图书信息"表和"借书登记"表,将它们添加到关系视图中,然后关闭"显示表"对话框。

(4) 在关系视图中,将"读者信息"表中的"借书证号"字段拖到"借书登记"表中的"借书证号"字段,同时打开"编辑关系"对话框,如图7-2所示。

多数情况下是将表中的主键字段(以粗体文本显示)拖到其他表中名为外键的相似字段(它们经常具有相同的名称)。

(5) 根据需要设置关系选项后,单击【创建】按钮,完成关系的创建并自动关闭"编辑关系"对话框。

(6) 在关系视图中,将"图书信息"表中的"书号"字段拖到"借书登记"表中的"书号"字

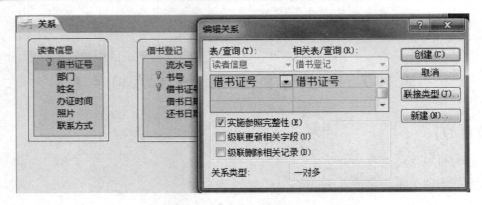

图7-2 "关系"布局窗口和"编辑关系"对话框

段,再次打开"编辑关系"对话框,重复步骤(5)。完成关系的创建,各表之间的关系如图7-3所示。

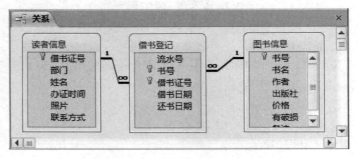

图7-3 各表之间关系

(7) 关闭关系视图时,系统将询问是否保存该布局。不论是否保存该布局,所创建的关系都已保存在此数据库中。

【题2】在"读者信息"表中,按"办证时间"字段建立普通索引(有重复索引),索引名为"办证时间"。

解题分析:

索引有助于 Microsoft Access 快速查找和排序记录。Access 在表中使用索引,就像在书中使用索引一样:查找某个数据时,先在索引中找到数据的位置。可以基于单个字段或多个字段来创建索引。多字段索引能够区分开第一个字段值相同的记录。表的主键将自动设置索引。

操作提示:

(1) 打开"读者信息"表的设计视图。

(2) 在设计视图中,选定要建立索引的字段"办证时间"。

(3) 打开"常规"选项卡中的"索引"下拉列表框,选择其中的"有(有重复)"选项,如图7-4所示。

(4) 保存对表的设计修改。

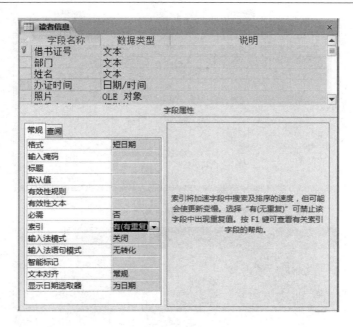

图 7-4 设置普通索引

【题 3】在"借书登记"表中,按"借书证号"和"书号"两个字段建立唯一索引,索引名为"借书证号+书号"。按"借书证号"和"借书日期"两个字段建立普通索引,索引名为"借书证号+借书日期"。

操作提示:

(1) 打开"借书登记"表的设计视图。

(2) 单击 Access 窗口"显示/隐藏"分组中【索引】按钮 ,打开"索引"对话框,如图 7-5 所示。因为"借书登记"表中"书号"与"借书证号"是组合关键字,所以自然为主索引及唯一索引。

(3) 按题意修改索引名称为"借书证号+书号"。

(4) 在第一个空白行的"索引名称"列中,键入索引名称为"借书证号+借书日期"。

(5) 在"字段名称"列中,选择索引的第一个字段为"借书证号"。

(6) 在"索引属性"栏中设置"主索引"和"唯一索引"属性均为"否"。

(7) 在"字段名称"列的下一行,选择索引的第二个字段为"借书日期",并使该行的"索引名称"列为空,设置完成如图 7-6 所示,保存设置操作。

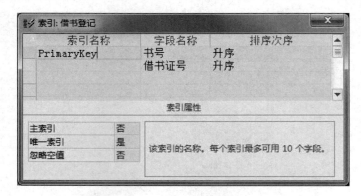

图7-5 主索引的属性设置

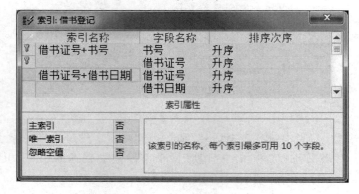

图7-6 普通索引的属性设置

【思考题】

1. 设置索引的好处是什么？
2. 数据表间关系有几种？

实训 8 利用向导创建查询

【实验目的】

1. 掌握利用向导创建查询的一般方法。
2. 通过多表查询,深入理解表之间建立关系的重要意义。
3. 掌握"交叉表查询向导"创建查询方法。

【实验内容】

【题 1】利用"查找不匹配项查询向导"查找从未借过书的读者的借书证号、姓名、部门和办证日期,查询对象保存为"未借过书的读者"。

解题分析:

用"查找不匹配项查询向导"创建的查询,可以在一个表中查找那些在另一个表中没有相关记录的记录。本题以"读者信息"表和"借书登记"表中的关联字段"借书证号"为匹配字段,以确定两个表中的记录是否相关。

操作步骤:

(1) 打开"图书管理"数据库,选择"创建"选项卡的"查询"分组,然后单击【查询向导】按钮 ,打开"新建查询"对话框,如图 8-1 所示。

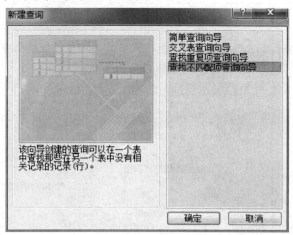

图 8-1 "新建查询"对话框

(2) 选择"查找不匹配项查询向导",然后单击【确定】按钮,打开向导的第 1 个对话框,根据题意,选择"读者信息"表作为查询结果的记录来源,如图 8-2 所示。

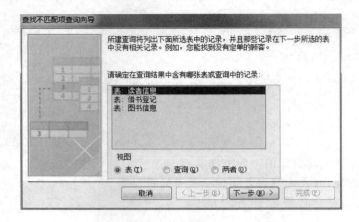

图 8-2 选择数据源

(3) 单击【下一步】按钮后打开向导的第 2 个对话框,选择相关表为"借书登记"表,如图 8-3 所示。

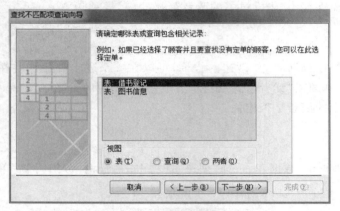

图 8-3 选择相关表

(4) 单击【下一步】按钮后打开向导的第 3 个对话框,确定在两张表中都有的信息,此处选择匹配字段为"借书证号",如图 8-4 所示,单击 <=> 按钮。

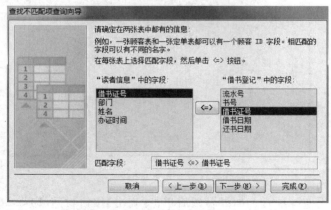

图 8-4 选择匹配字段

(5) 单击【下一步】按钮后打开向导的第 4 个对话框,选择查询结果中所需的字段,如图 8-5 所示。

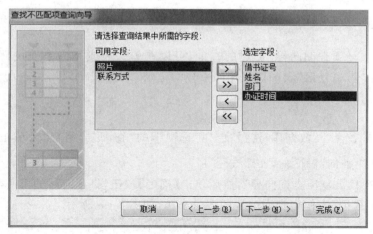

图 8-5 选择所需字段

(6) 单击【下一步】按钮后打开向导的第 5 个对话框,确定所建查询的名称为"未借过书的读者",如图 8-6 所示。

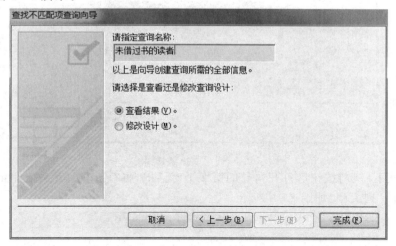

图 8-6 指定查询对象名称

(7) 单击【完成】按钮结束查询的创建。结果显示如图 8-7 所示。

图 8-7 不匹配项查询结果

【题 2】利用"查找重复项查询向导"查找同一本书的借阅情况,包含书号、借书证号、借书日期和还书日期,查询对象保存为"同一本书的借阅情况"。

解题分析:

利用"查找重复项查询向导"创建的查询,可以在单一表或查询中查找具有重复字段值的记录。本例在"借书登记"表中查找相同书号的记录。

操作步骤:

(1) 打开"图书管理"数据库,选择"创建"选项卡的"查询"分组,然后单击【查询向导】按钮 ,打开"新建查询"对话框,如图 8-1 所示。

(2) 选择"查找重复项查询向导",然后单击【确定】按钮,打开向导的第 1 个对话框,根据题意,选择"借书登记"表作为查询结果的记录来源,如图 8-8 所示。

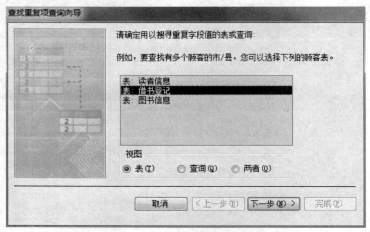

图 8-8 选择数据源

(3) 单击【下一步】按钮后打开向导的第 2 个对话框,将"可用字段"列表中的"书号"添加到"重复值字段"列表中,如图 8-9 所示。

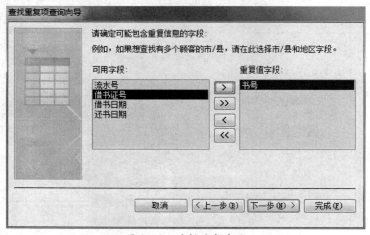

图 8-9 选择重复字段

(4) 单击【下一步】按钮后打开向导的第 3 个对话框，选择除重复值字段外的其他显示字段，如图 8-10 所示。

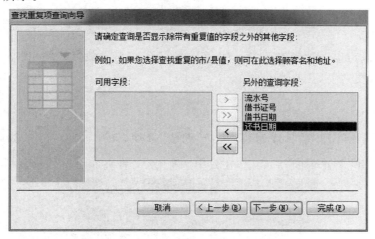

图 8-10 选择其他显示字段

(5) 单击【下一步】按钮后打开向导的第 4 个对话框，确定所建查询的名称为“同一本书的借阅情况”，如图 8-11 所示。

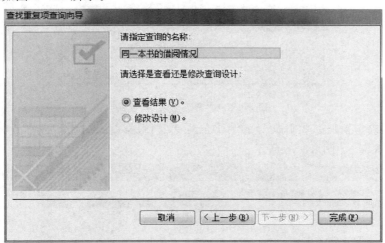

图 8-11 指定查询对象名称

(6) 单击【完成】按钮结束查询的创建。结果显示如图 8-12 所示。

同一本书的借阅情况

书号	流水号	借书证号	借书日期	还书日期
J1035	6	S20080211	2012/11/8	2013/1/7
J1035	5	T19960003	2012/12/10	
W1101	3	S20090107	2012/7/1	2012/12/1
W1101	2	S20080211	2012/12/2	
W2210	4	S20080211	2013/1/7	
W2210	1	T19960003	2013/1/7	

图 8-12 重复项查询结果

【题 3】利用"交叉表查询向导"查询每个读者的借书情况和借书次数,行标题为"借书证号",列标题为"书号",按"借书日期"字段计数。查询对象保存为"借阅明细表"。

解题分析:

交叉表查询,可以一种紧凑的、类似电子表格的形式显示数据。利用"交叉表查询向导"创建交叉表查询更方便、更直观。

操作步骤:

(1) 打开"图书管理"数据库窗口,选择"创建"选项卡的"查询"分组,然后单击【查询向导】按钮,打开"新建查询"对话框,在其中选择"交叉表查询向导",如图 8-13 所示。

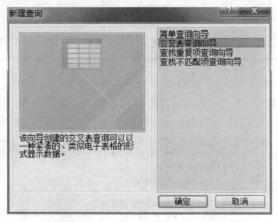

图 8-13 "新建查询"对话框

(2) 单击【确定】按钮,打开向导的第 1 个对话框,根据题意,选择"借书登记"表作为交叉表查询的记录来源,如图 8-14 所示。

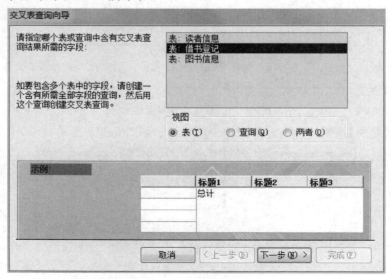

图 8-14 选择数据源

(3) 单击【下一步】按钮后打开向导的第 2 个对话框,在"可用字段"列表框中选择"借书证号"字段作为交叉表查询的行标题名称,添加到"选定字段"列表框中,如图 8-15 所示。

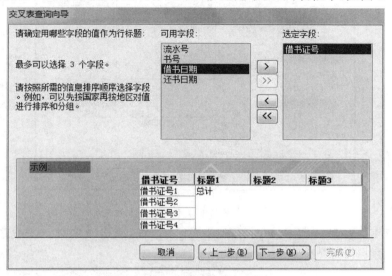

图 8-15 选择行标题名称

(4) 单击【下一步】按钮后打开向导的第 3 个对话框,选择"书号"字段作为交叉表查询的列标题名称,如图 8-16 所示。

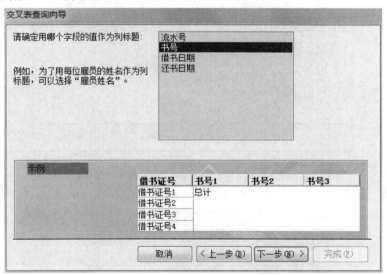

图 8-16 选择列标题名称

(5) 单击【下一步】按钮后打开向导的第 4 个对话框,确定交叉表查询中的每个行和列交叉点的计算表达式。在"字段"列表框中选择"借书日期"字段,在"函数"列表框中选择"Count(计数)"函数,计算某人借书的次数,如图 8-17 所示。

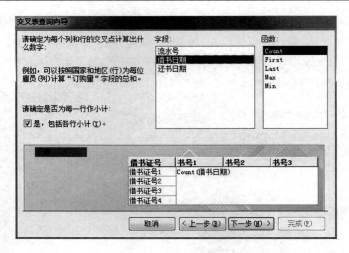

图 8-17　确定交叉点的计算表达式

(6) 单击【下一步】按钮后打开向导的第 5 个对话框,确定所建交叉表查询的名称为"借阅明细表",如图 8-18 所示。

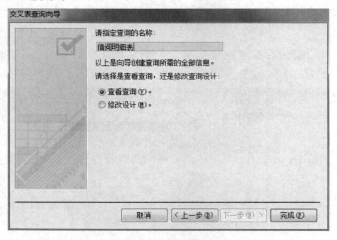

图 8-18　指定查询对象名称

(7) 单击【完成】按钮结束查询的创建。结果显示如图 8-19 所示。

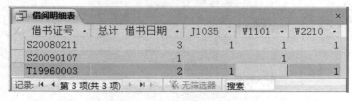

图 8-19　交叉表查询结果

【思考题】

1. 交叉表查询中,用户可以指定多个总计类型的字段吗?
2. 通常在什么情况下适合使用向导创建查询?

实训9 创建选择查询和参数查询

【实验目的】

1. 掌握选择查询的创建方法。
2. 掌握参数查询的创建方法。

【实验内容】

【题1】 创建一个名为"计通学院借书情况"的查询,查找计通学院读者的借书情况,包括借书证号、姓名、部门、书名和借书日期,并按书名排序。

解题分析:

选择查询是最常见的查询类型,它从一个或多个表中检索数据,并且在可以更新记录(有一些限制条件)的数据表中显示结果。也可以使用选择查询来对记录进行分组,并且对记录作总计、计数、平均值以及其他类型的求和计算。

本题所要获得的信息分别来源于不同的数据表,查询准则为"部门=计通学院"。

操作步骤:

(1) 打开"图书管理"数据库,选择"创建"选项卡的"查询"分组,单击【查询设计】按钮,打开查询设计视图以及"显示表"对话框,如图9-1所示。

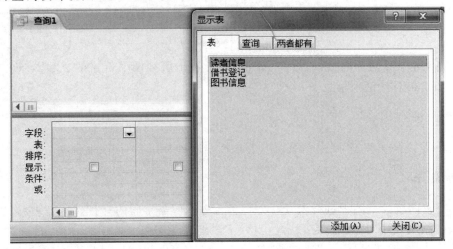

图9-1 查询设计视图

(2) 从"显示表"对话框中选中如图9-1所示的3个表,将它们添加到"设计"视图的"字段列表区"中,然后关闭"显示表"对话框。

(3) 将查询对象所需要的字段,从各个数据表中依次拖放到设计网格的"字段"单元格中。

(4) 在"部门"字段所在列的"条件"单元格中,输入查询条件"计通学院"。

(5) 在"书名"字段所在列的"排序"单元格中,选择排序条件为"升序"。

(6) 保存查询设计,命名为"计通学院借书情况"。设置完成后的查询设计视图如图9-2所示。

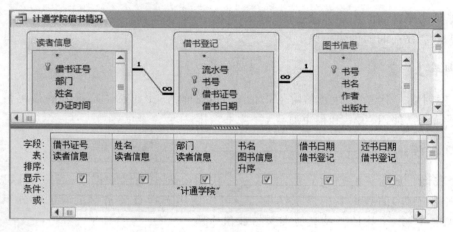

图9-2 查询参数设置

(7) 单击"开始"选项卡"视图"分组中的【数据表视图】按钮，或单击"查询工具|设计"选项卡"结果"分组中的【运行】按钮，均可得到查询结果,如图9-3所示。

图9-3 【题1】查询结果

【题2】创建一个名为"价格总计"的查询,统计各出版社图书价格的总和,查询结果中包括出版社和价格总计两项信息。

解题分析:

本题所需数据来源于"图书信息"表,要求按出版社分组,统计图书价格总和。

操作提示:

(1) 在查询设计视图中进行设置。先将包含查询所需字段的"图书信息"表添加至"字段列表区",并拖曳表中"出版社"字段和"价格"字段至设计网格区。

(2) 单击"查询工具|设计"选项卡"显示/隐藏"分组中的【汇总】按钮Σ,在设计网格区增加了一个"总计"行。保持"出版社"字段"总计"单元格的值("分组")不变,在"价格"字段"总计"单元格的下拉列表中选择"合计"选项,如图9-4所示。

(3) 保存设置,命名查询对象为"价格总计"。

(4) 运行查询,结果如图 9-5 所示。

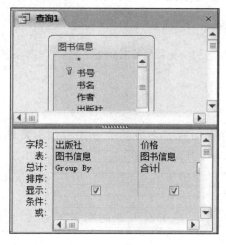

图 9-4 查询参数设置　　　　　　图 9-5 【题2】查询结果

【题3】创建一个名为"借出图书"的查询,显示书号、书名和借书日期。

解题分析:

本查询所需数据来源为"借书登记"表和"图书信息"表。

操作提示:

(1) 在查询设计视图中进行设置。先将包含查询所需字段的两个表添加至设计视图的"字段列表区",并拖曳表中相关字段至设计视图的设计网格区。

(2) 在设计网格区"还书日期"字段的"条件"单元格中,输入查询条件为"NULL"(系统会自动将其完善为"Is Null"),表示此书尚未归还。

(3) 取消"还书日期"字段的"显示"复选项。

(4) 保存设置,命名查询对象为"借出图书"。设置完成,如图 9-6 所示。

(5) 运行查询,结果如图 9-7 所示。

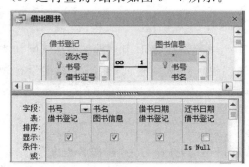

图 9-6 查询参数设置　　　　　　图 9-7 【题3】查询结果

【题 4】创建一个名为"借书超过 60 天"的查询,查找借书人的姓名、借书证号、书名、借书日期等信息。

解题分析:

本查询所需数据来源为"借书登记"表、"读者信息"表和"图书信息"表。查询条件为"还书日期 Is Null"并且"当前日期−借书日期>60"。

操作提示:

(1) 在查询设计视图中进行设置。先将包含查询所需字段的 3 个表添加至设计视图的"字段列表区",并拖曳表中相关字段至设计视图的设计网格区。

(2) 在设计网格区"还书日期"字段的"条件"单元格输入查询准则"null",取消"显示"复选项。

(3) 在设计网格区"借书日期"字段的"条件"单元格中输入查询准则"Date()−[借书日期]>60",取消"显示"复选项。

(4) 保存查询设计,命名为"借书超过 60 天未还"。最终设计视图如图 9-8 所示。

(5) 运行查询,结果如图 9-9 所示。

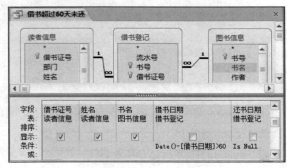

图 9-8 查询参数设置

图 9-9 【题 4】查询结果

【题 5】创建一个名为"按作者查询"的参数查询,根据用户输入的作者查询该书的借阅情况,包括借书证号、姓名、书名、作者、借书日期和还书日期。

解题分析:

参数查询是这样一种查询,它在执行时显示一个对话框,提示用户输入信息(例如查询条件),以检索满足用户要求的记录或值。通常先创建一个选择查询,然后在查询设计视图中添加查询准则。

操作提示:

(1) 可先利用查询向导创建包含多数据源的选择查询,并命名为"按作者查询"。

(2) 在查询设计视图中打开上述查询对象,进行查询准则的设置:在"作者"字段的"条件"单元格中输入"[请输入作者:]",如图 9-10 所示。

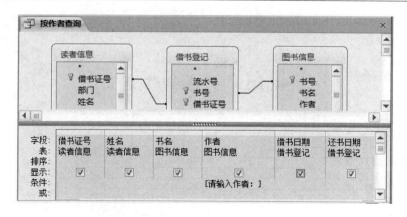

图 9-10 查询参数设置

(3) 保存设置。

(4) 运行查询对象,弹出对话框,如图 9-11 所示,要求输入参数值。

(5) 输入作者"郎为民"后单击【确定】按钮,查询结果如图 9-12 所示。

图 9-11 "输入参数值"对话框   图 9-12 【题5】查询结果

【题6】创建一个参数查询,查询由用户指定年级的学生借书情况。

操作提示:

根据"借书证号"构成规则(见实训 4),设置查询准则为:Like " S " &[请输入年级] & " * "。

【思考题】

1. 选择查询与其他查询有什么关系?
2. 参数查询创建时必须有参数吗?

实训10 创建操作查询

【实验目的】

1. 了解各种操作查询的用途。
2. 掌握各种操作查询的建立方法。

【实验内容】

【题1】 创建一个名为"查询学生借书情况"的生成表查询,将所有学生的借书情况(包括借书证号、姓名、部门、书号)保存到一个新表中,新表的名称为"学生借书登记"。

解题分析:

本题是"生成表查询"的应用。"生成表查询"利用一个或多个表中的全部或部分数据创建新表。

操作步骤:

(1) 在"图书管理"数据库工作窗口的功能区域,选择"创建"选项卡"查询"分组。单击【查询设计】按钮,打开查询设计视图和"显示表"对话框。

(2) 在打开的"显示表"对话框中,选择"读者信息"表和"借书登记"表,将它们添加到设计视图的"字段列表区",然后关闭"显示表"对话框。

(3) 依次将表中的"借书证号""姓名""部门""书号"和"还书日期"字段添加到设计视图的设计网格区。

(4) 在设计网格区"借书证号"字段的"条件"单元格中,输入"Like "S*""(借书证号以字母"S"开头的,是学生的借书证号);在"还书日期"字段的"条件"单元格中,输入"Null",即条件是"尚未归还图书",如图10-1所示。

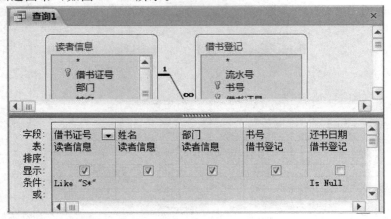

图10-1 查询设置

上述两个条件是"与"的关系，能够满足该查询条件的是"借出图书还没归还的学生记录"。

(5) 取消"还书日期"字段的"显示"复选项。查询设置如图 10-1 所示。

(6) 在"查询工具|设计"选项卡的"查询类型"分组中，单击【生成表】按钮，弹出"生成表"对话框，输入新表的名称为"学生借书登记"，如图 10-2 所示。单击【确定】按钮关闭对话框。

图 10-2 "生成表"对话框

(7) 保存查询设置，命名所创建的生成表查询对象为"查询学生借书情况"。

(8) 单击"结果"分组中的【运行】按钮或执行"查询|运行"菜单命令，弹出信息提示框，如图10-3所示，单击【确定】按钮，就完成了新表"学生借书登记"的创建。

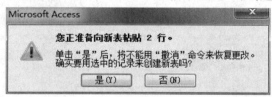

图 10-3 信息提示框

(9) 在数据表视图中打开"学生借书登记"表，如图 10-4 所示。

图 10-4 【题1】查询结果

【题2】备份【题1】所建"学生借书登记"表，命名为"综合借书登记"表。再创建一个名为"添加部门借书情况"的追加查询，将"土建学院"读者的借书情况添加到"综合借书登记"表中。

解题分析：

本题是"追加查询"的应用。追加查询可将一个或多个表中的一组记录追加到一个或多个表的末尾。

操作步骤：

（备份操作略）

（1）在"图书管理"数据库工作窗口中选择"创建"选项卡"查询"分组，单击【查询设计】按钮，打开查询"设计"视图和"显示表"对话框。

（2）在打开的"显示表"对话框中，选择"读者信息"表和"借书登记"表，将它们添加到设计视图的"字段列表区"，然后关闭"显示表"对话框。

（3）依次将表中的"借书证号""姓名""部门""书号"和"还书日期"字段添加到设计视图的设计网格区。

（4）在设计网格区"部门"字段的"条件"单元格中，输入"土建学院"；在"还书日期"字段的"条件"单元格中，输入"Null"。能够满足上述查询条件的是"土建学院借书未归还的教工记录"。

（5）取消"还书日期"字段的"显示"复选项。查询设置如图10-5所示。

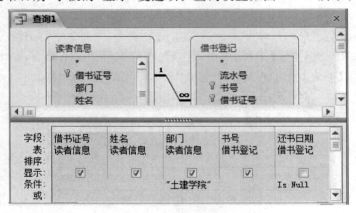

图10-5　查询设置

（6）在"查询工具|设计"选项卡"查询类型"分组中，单击【追加】按钮 ，弹出"追加"对话框，从下拉列表框中选择"追加到"的表名称为"综合借书登记"，如图10-6所示。单击【确定】按钮关闭对话框。

图10-6　"追加"对话框

（7）此时查询设计视图的设计网格中添加了"追加到"行，如图10-7所示。

（8）保存查询设置，命名所创建的追加查询对象为"添加部门借书情况"。

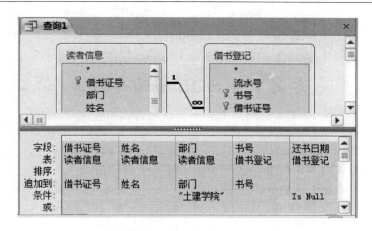

图 10-7 追加查询视图

（9）执行"查询|运行"菜单命令，弹出信息提示框，如图 10-8 所示，单击【确定】按钮，就完成了对"综合借书登记"表的记录追加。

（10）在数据表视图中打开"综合借书登记"表，如图 10-9 所示。

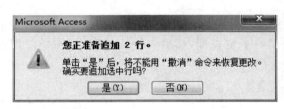

图 10-8 信息提示框

图 10-9 追加查询结果

【题3】创建一个名为"删除部门借书情况"的删除查询，将"土建学院"读者的借书情况从"综合借书登记"表中删除。

操作提示：

删除查询可以从一个或多个表中删除一组记录。本题是创建"删除查询"的应用，创建过程与追加查询的创建类似。

【题4】将"读者信息"表复制一份，复制后的表名为"读者信息 copy"，然后创建一个名为"更改部门"的更新查询，将"读者信息 copy"表中部门为"人事处"的字段值改为"教务处"。

操作提示：

更新查询可对一个或多个表中的一组记录作全局的更改。本题是创建"更新查询"的应用，创建过程与追加查询的创建类似。

【思考题】

1. 如何运行操作查询？
2. 如何查看操作查询运行的结果？
3. 运行操作查询时，备份是必需的吗？

实训 11 SQL 查询的创建

【实验目的】

1. 掌握 SQL 查询基本语句 Select…From…Where 的用法。
2. 掌握 SQL 查询建立方法。

【实验内容】

根据"图书管理"数据库中的"读者信息""图书信息"和"借书登记"3 个表,使用 SQL 语句完成以下查询。比较所建查询的 SQL 视图和设计视图,理解查询对象的实质。

【题 1】从"读者信息"表中查找文法学院读者的所有信息。

操作提示:

首先利用【查询设计】按钮在设计视图中创建一个空查询,然后切换到 SQL 视图中使用如下语句:

```
Select  借书证号,姓名,部门,办证时间,照片,联系方式
From    读者信息
Where   部门="文法学院"
```

或者

```
Select *From 读者信息 Where 读者信息.部门="文法学院"
```

【题 2】从"借书登记"表中查找尚未归还的图书的书号、借书证号和借书日期。

操作提示:

在 SQL 视图中使用如下语句:

```
Select 借书证号,书号,借书日期
From 借书登记
Where 还书日期 Is Null
```

【题 3】从"借书登记"表中查询教工的借书情况。

操作提示:

在 SQL 视图中使用如下语句:

```
Select 借书证号,书号,借书日期,还书日期
From 借书登记
Where 借书证号 Like "T*"
```

【题 4】从"图书信息"表中查找各出版社图书的价格总计,并按价格降序输出。

操作提示：

在 SQL 视图中使用如下语句：

```
Select 出版社,Sum(价格) AS 价格之总计
From 图书信息
Group By 出版社
Order By Sum(价格) Desc
```

【题 1】~【题 4】所建查询的数据源均来自一个表，而在实际应用中，许多查询是要将多个表的数据组合起来，即查询的数据源来自多个表。将多个表的数据集中在一起，需要通过连接操作来完成。在 Select 查询语句中，连接操作是在 FROM 子句中使用 INNER JOIN 操作或者 LEFT JOIN(或 RIGHT JOIN)操作。

INNER JOIN（等值连接），只返回两个表中联结字段相等的记录。

语法：FROM table1 INNER JOIN table2 ON table1.field1 compopr table2.field2

INNER JOIN 操作包含以下部分：

table1, table2	对其中的记录进行组合的表的名称
field1, field2	要连接的字段的名称。如果它们不是数值，则字段必须属于相同的数据类型，并且包含相同种类的数据，但它们不必有相同的名称。
compopr	任何关系比较运算符："＝""＜""＞""＜＝""＞＝"或"＜＞"。

LEFT JOIN(左连接)返回包括左表中的所有记录和右表中联结字段相等的记录；RIGHT JOIN(右连接)返回包括右表中的所有记录和左表中联结字段相等的记录。有兴趣的读者可以使用 Access 帮助进行自学。

【题 5】查询所有借过书的读者姓名和借书日期。

操作提示：

在 SQL 视图中使用如下语句：

```
Select 读者信息.姓名,借书登记.借书日期
From 读者信息 Inner Join 借书登记 on 读者信息.借书证号=借书登记.借书证号
```

【题 6】查询所有借阅了"红楼梦"的读者的姓名和借书证号。

操作提示：

在 SQL 视图中使用如下语句：

```
Select 借书登记.借书证号,读者信息.姓名
From 图书信息 Inner Join(读者信息 Inner Join 借书登记 on 读者信息.借书证号=借书登记.借书证号)on 图书信息.书号= 借书登记.书号
Where 图书信息.书名= "红楼梦"
```

【题 7】查询至今没有人借阅的图书的书名和出版社。

操作提示：

在 SQL 视图中使用如下语句：

```
Select 图书信息.书名,图书信息.出版社
From 图书信息 Left Join 借书登记 on 图书信息.书号=借书登记.书号
Where 借书登记.书号 Is Null
```

【思考题】

1. 如何修改 SQL 查询?
2. SQL 查询包括几种类型?
3. 比较每题所建的 SQL 视图和设计视图,理解为什么说"查询对象的实质是一条 SQL 语句"。
4. 利用 Access 创建查询工具完成本实训各习题。如【题 7】可利用查询向导的"查询不匹配项查询向导"完成。

实训 12 自动创建窗体和窗体向导创建窗体

【实验目的】

1. 掌握"自动创建窗体"创建窗体的方法。
2. 掌握"窗体向导"创建窗体的方法。
3. 能够根据具体要求,选择合适的窗体创建方法。

【实验内容】

【题1】建立一个"读者记录"窗体,如图12-1所示。数据源为"读者信息"表,窗体标题为"读者记录"。窗体名称为"实训12_题1_窗体"。

解题分析:

从图12-1可知,窗体中的控件基本符合"纵栏式"布局,而且窗体的数据源为单一数据源,所以本题利用"窗体向导"方法是效率最高的。

操作提示:

(1) 单击"创建"选项卡"窗体"分组中的【窗体向导】按钮 ![icon],打开"窗体向导"对话框,依次操作,创建基于"读者信息"表的纵栏式窗体。
(2) 在窗体的设计视图中,对所建的窗体进行修饰。
① 调整控件的布局。
② 添加标签控件和直线控件作为修饰。
③ 打开窗体"属性"窗口,设置相关属性,如图12-2所示。
(3) 保存窗体,命名为"读者记录"。

图12-1 "读者记录"窗体　　　　图12-2 窗体的属性设置

【题2】建立一个"读者借书情况"的主/子窗体,如图12-3所示。主窗体显示读者的借书证号、姓名和部门。子窗体显示相应读者的借书情况,包括书号、书名、借书日期和还书日期。窗体名称为"实训12_题2_窗体"。

解题分析:

可以创建主/子窗体的方法有2种:一是对选中的数据表执行"创建"选项卡"窗体"分组中的【窗体】命令,适合用于数据源来自两个有关联的数据表;二是利用"窗体向导"创建方法,适合用于数据源来自两个以上有关联的数据表。

从图12-3中可以看出,主窗体的数据源是"读者信息"表,而子窗体的数据源来自"图书信息"表和"借书登记"表,这3个数据表已在前面的实训中实施了关联,因此本题宜选用"窗体向导"方法。

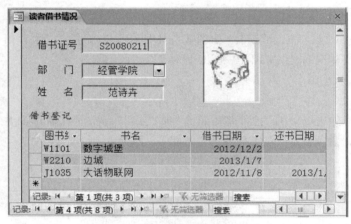

图12-3 "读者借书情况"主/子窗体

操作提示:

(1) 利用向导创建主/子窗体,数据源为"读者信息"表、"图书信息"表和"借书登记"表。根据向导的提示,依次从3个表中选择可用字段,如图12-4所示,选择显示布局,如图12-5所示。

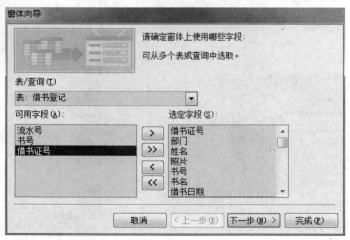

图12-4 窗体向导-选择数据源

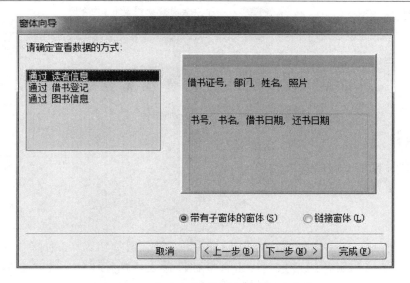

图 12-5　窗体向导-确定查看数据的方式

(2) 再利用窗体的"设计"视图,对向导所建的窗体框架进行美化和修饰。

【题 3】建立一个主/子窗体。主窗体为图书信息,子窗体为相应的借出情况。

操作提示:

(1) 先用在【题 2】解题分析中提到的第 1 种方法快速创建(对选中的数据表"图书信息",单击"创建"选项卡"窗体"分组中的【窗体】按钮 ,这适合用于数据源来自两个有关联的数据表)。

(2) 然后在"设计"视图中完善。

【题 4】自行设计并使用多种方法创建一个图书信息登记的窗体(与【题 1】类似)。

【思考题】

1. 有哪些常见的窗体类型？各有什么特点？
2. 有哪几种创建窗体的方式？各有什么特点？

实训 13 控件的创建及属性设置

【实验目的】

1. 掌握各种控件的创建方法。
2. 掌握窗体及控件属性的设置。

【实验内容】

【题 1】建立一个"图书记录"窗体,如图 13-1 所示。数据源为"图书信息"表,窗体标题为"图书记录",要求出版社的信息利用组合框控件输入或选择。然后通过窗体添加两条新记录,内容自行确定。窗体名称为"实训 13_题 1_窗体"。

操作提示:

(1) 利用向导创建纵栏式窗体,数据源为"图书信息"表。
(2) 再利用窗体的设计视图,对向导所建的窗体框架进行修饰。包括:
① 调整控件的布局。
② 修改窗体的标题属性值为"图书记录"。
③ 打开窗体的"属性"窗口,设置相关属性。
窗体的设计视图如图 13-2 所示。

图 13-1 "图书记录"窗体

图 13-2 窗体的设计视图

(3) 将"出版社"的文本框控件改成组合框控件。
① 首先创建一个名为"出版社信息"的数据表,如图 13-3 所示,表中第一列"出版社名称"字段将作为组合框的值来源。

② 返回窗体的设计视图,在"出版社"文本框控件上右键单击,执行快捷菜单中的"更改为|组合框"菜单命令,将"出版社"的文本框控件改成组合框控件。

③ 单击工具栏上的【属性】按钮,打开组合框"属性"窗口,设置相关属性,如图 13-4 所示。

图 13-3 "出版社信息"表

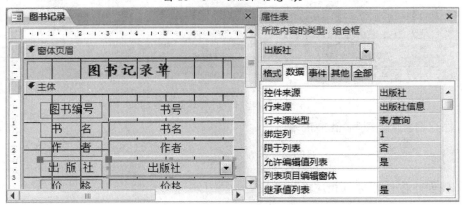

图 13-4 组合框控件及其相关属性设置

(4) 保存窗体。

【题 2】建立一个"借书记录"窗体,如图 13-5 所示。数据源为"借书登记"表,窗体标题为"借书记录"。窗体名称为"实训 13_题 2_窗体"。要求显示系统当前的日期,并统计借书人次。

图 13-5 "借书记录"窗体

操作提示：

(1) 利用向导创建表格式窗体，数据源为"借书登记"表。

(2) 再利用窗体的设计视图，对向导所建的窗体框架进行修饰。

(3) 在窗体的设计视图中的"窗体页脚"栏，添加两个文本框控件，附加标签标题分别为"当前日期"和"借书人次"。

① 将第 1 个文本框控件的"控件来源"属性设置为"＝Date()"。

② 将第 2 个文本框控件的"控件来源"属性设置为"＝Count([借书证号])"。

窗体的设计视图如图 13-6 所示。

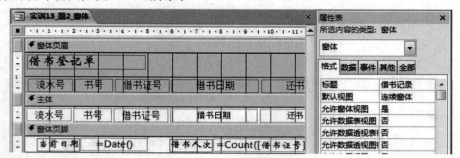

图 13-6　"借书记录"窗体设计视图

(4) 保存窗体，命名为"借书记录"。

【思考题】

1. 如何创建控件并进行相应的属性设置？
2. 组合框获得数据的方式是什么？
3. 什么是绑定控件和未绑定控件？其本质区别是什么？
4. 窗体的"名称"属性怎样设置？与"标题"属性的区别是什么？
5. 如果不允许用户对窗体中的所有绑定控件进行编辑（包括插入、删除和修改），需要设置窗体的哪几个相关属性？如果仅限制指定的绑定控件不能被编辑，需要设置该控件的什么属性？

实训 14 利用设计视图创建窗体

【实验目的】

1. 掌握用设计视图创建窗体的方法。
2. 了解命令按钮能够实现的功能,并掌握使用控件向导创建命令按钮的方法。

【实验内容】

【题 1】建立一个图书管理"主界面"的窗体,如图 14-1 所示。单击各命令按钮,可分别打开之前实训所建立的 4 个窗体,单击【退出】按钮,可关闭窗体。

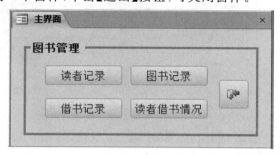

图 14-1 "主界面"窗体

操作提示:

(1) 在设计视图中打开一个空白窗体。
(2) 在窗体中添加一个"选项组"控件,将其附加标签命名为"图书管理"。
(3) 首先激活控件向导,然后在放置命令按钮控件的同时,控件向导就会引导用户完成相应的设置,如图 14-2~14-5 所示。此时的窗体视图如图 14-6 所示。
(4) 类似操作创建其他命令按钮,最终结果如图 14-1 所示。

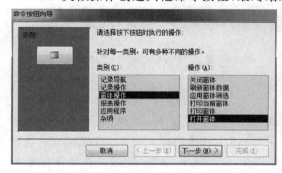

图 14-2 命令按钮向导第 1 个对话框

图 14-3 命令按钮向导第 2 个对话框

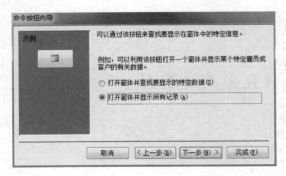

图 14-4　命令按钮向导第 3 个对话框　　　图 14-5　命令按钮向导第 4 个对话框

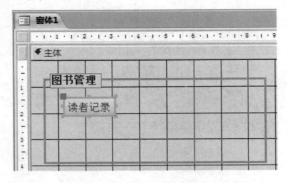

图 14-6　添加了两个控件后的设计视图

【题 2】设计名为"借出查看"的窗体,如图 14-7 所示,当用户输入借书天数,并单击【查询】按钮,将打开名为"借书超过 N 天"的窗体,如图 14-8 所示,其中显示了有关的读者信息。

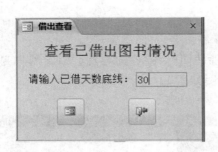
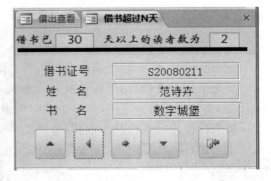

图 14-7　"借出查看"窗体视图　　　　　图 14-8　"借书超过 N 天"窗体视图

解题分析：

"借出查看"窗体是启动窗体,它通过命令按钮打开"借书超过 N 天"窗体,所传递的信息是文本框中用户输入的"天数";在"借书超过 N 天"窗体中以条件查询对象为数据源,而查询的条件就是用户输入的"天数"。所以可使设计顺序为：创建查询对象、创建以查询为数据源的窗体、创建启动窗体。

操作提示：

(1) 创建查询对象，命名为"借书超过 N 天"，其设计视图如图 14-9 所示。图中"条件"单元格中的"txtTs"将作为"借出查看"窗体中"文本框"控件的名称。注意图中 Val 的使用。

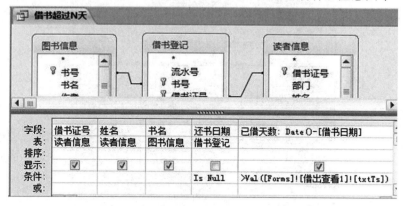

图 14-9　查询设计视图

(2) 创建以查询对象为数据源的窗体，命名为"借书超过 N 天"。

① 利用窗体向导创建窗体，以第(1)步所建的"借书超过 N 天"查询对象作为窗体的数据源。窗体命名为"借书超过 N 天"，其设计视图如图 14-10 所示。

② 在窗体页眉节添加未绑定文本框控件，控件来源设为"=[Forms]![借出查看]![txtTs]"，其附加标签的"标题"属性为"借书已"。

③ 在窗体页眉节添加第二个未绑定文本框控件，控件来源设为"=Count(*)"，用于统计查询对象中的记录数。其附加标签的"标题"属性为"天以上的读者数为"。

④ 确保工具箱中"控件向导"是激活状态，然后单击"命令按钮"控件，并在窗体主体节的下方区域放置一个命令按钮，此时出现命令按钮向导对话框，如图 14-11 所示。

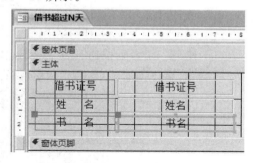

图 14-10　窗体设计视图

⑤ 选择"类别"中的"记录导航"和"操作"中的"转至第一项记录"，单击【下一步】，出现向导的第 2 个对话框，设置如图 14-12 所示，完成命令按钮的创建。

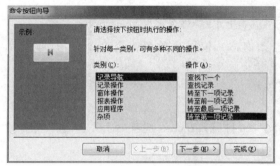

图 14-11　"命令按钮向导"第 1 个对话框

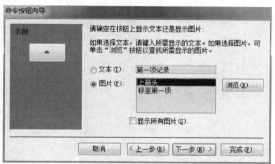

图 14-12　"命令按钮向导"第 2 个对话框

⑥ 重复步骤④及⑤,完成其余命令按钮的创建。
⑦ 设置窗体的多项"格式"属性:使窗体无最大、最小化按钮,无滚动条,无导航按钮等。完成后的窗体设计视图如图 14-13 所示。

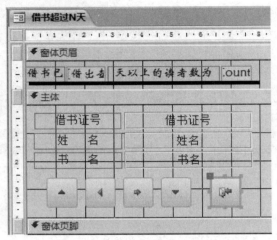

图 14-13 "借书超过 N 天"窗体设计视图

(3) 创建启动窗体,命名为"借出查看"。
① 直接用设计视图创建窗体。
② 创建未绑定文本框控件,命名为"txtTs"。
③ 通过控件向导,使命令按钮与"打开窗体"功能连接("借书超过 N 天"窗体)。
④ 使另一个命令按钮具有"关闭窗体"的功能。
(4) 最终设置如图 14-14 所示,保存所有设置。

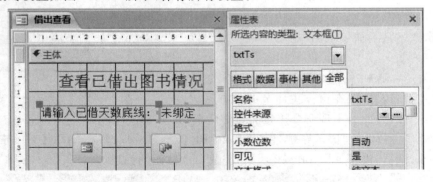

图 14-14 "借书查看"窗体设计视图及文本框属性表

【题 3】自行设计并创建一个切换面板(自启动窗体),窗体上放置多个命令按钮,分别用于打开已有窗体,或运行已有查询。

操作提示:

在后台视图"文件"选项卡中单击"选项"命令项,打开"Access 选项"对话框,在"当前数据库"页面中设置"显示窗体"值。

【思考题】
1. 什么是绑定控件？怎样使控件成为绑定控件？
2. 怎样打开窗体的"属性"窗口？

实训 15 报表设计(一)

【实验目的】

1. 掌握用"自动创建报表"方法和"报表向导"方法创建简单报表。
2. 掌握用"报表向导"方法创建分组汇总报表。
3. 根据不同要求设计不同的报表,实现显示和统计功能。

【实验内容】

【题1】建立一个"读者信息"报表,显示每位读者的详细信息,如图15-1所示。

图 15-1 "读者信息"报表

解题分析:

因为是单一数据源,所以报表的创建既可以用"报表向导"方法,也可以用"自动创建报表:纵栏式"方法。

操作提示:

(1) 利用"报表向导"创建纵栏式报表,数据源为"读者信息"表。

(2) 在设计视图中打开向导所建报表,进一步修饰美化:

① 调整绑定对象框,使之与照片相适应。方法是设置绑定对象框的"缩放模式"属性为"缩放"。属性设置如图15-2所示。

② 调整各控件上的文字,使之居中显示,并使文字显示为"黑色"。方法是先选中所需控

件,然后在属性窗口中设置"文本对齐"属性为"居中","前景色"属性为"黑色文本",如图 15-3 所示。

图 15-2 "绑定对象框"控件属性窗口

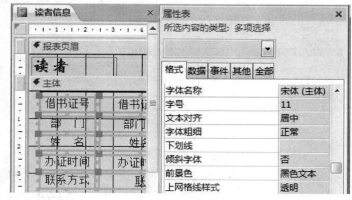

图 15-3 "文本框"控件属性窗口

③ 修改报表的标题。属性值为"读者信息"。

(3) 保存对报表的设置,将报表命名为"实训 15_题 1_报表"。

【题 2】建立一个"图书借阅情况"报表,显示每本书的借阅情况及借阅次数。

解题分析:

本报表所要显示的数据至少应包括书号、书名、借书证号、借书日期、还书日期以及借阅的统计数据,这些数据来源于 3 个部分:一是"图书信息"表,二是"借书登记"表,三是来源于表达式(统计借书人次)。

操作提示:

(1) 在"图书管理.accdb"数据库窗口中选择"创建"选项卡"报表"分组,单击【报表向导】按钮,启动"报表向导",打开向导的第 1 个对话框。

(2) 在对话框中作如下设置,如图 15-4 所示。

① 在"表/查询"下拉列表中,选择"图书信息"表,将"可用字段"列表框中的"书号"和"书名"字段,添加到"选定字段"列表框中。

② 在"表/查询"下拉列表中,选择"借书登记"表,将"可用字段"列表框中的"借书证号""借书日期"和"还书日期"字段,添加到"选定字段"列表框中。

(3) 单击【下一步】按钮,打开向导的第 2 个对话框,如图 15-5 所示。

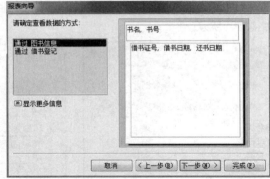

图 15-4　确定数据来源　　　　图 15-5　确定数据查看方式

从图 15-5 右边的预览窗口中可以看到待建报表的显示方式（即查看数据的方式），特别说明的是："书号"字段也可以来源于"借书登记"表，本质上没有区别，只是会有不同的"查看数据的方式"。

（4）逐步按照向导的引导完成操作。图 15-6 所示为向导完成后的报表设计视图。保存报表设计，在打印预览中打开所建报表，如图 15-7 所示。

图 15-6　向导完成的报表设计视图

图书借阅情况				
图书编号	书名	借书证号	借书日期	还书日期
J1035	大话物联网			
		S20080211	2012/11/8	2013/1/7
		T19960003	2012/12/10	
W1101	数字城堡			
		S20090107	2012/7/1	2012/12/1
		S20080211	2012/12/2	

图 15-7　报表的打印预览视图

(5) 在设计视图中对所建报表进行修饰和美化,包括:
① 调整控件布局使之更加美观。
② 在"书号页眉"栏添加一个文本框控件,设置其附加标签的"标题"属性为"借出人次",设置文本框的"控件来源"属性为表达式"=Count([借书登记]![借书证号])"。
注意:从图15-5中可以看出,报表是以"图书信息"表中的字段作为分组信息,所以此处的统计值是对"图书"进行的分类统计,满足统计图书"借阅次数"的题目要求。
图15-8是修改后的报表设计视图。
(6) 保存报表设计。在打印预览中打开所建报表,如图15-9所示。

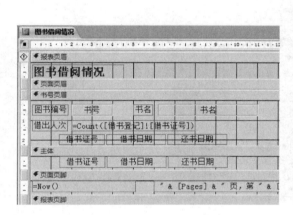
图15-8 修改后的报表设计视图

图15-9 "图书借阅情况"报表

思考:若要求按"读者"(而不是按"图书")统计借阅次数,应如何设计报表?

【题3】建立一个"还书情况"报表,统计每个读者的还书情况(按书号排序)。如果还书日期不为空,则表示已还书;否则,就表示未还书(用加粗、斜体文字显示),如图15-10所示。

图15-10 "还书情况"报表

解题分析:

报表所要显示的数据来源于三个数据表:"读者信息"表、"图书信息"表和"借书登记"表。因为是以读者信息(借书证号、姓名)进行分组的,所以"借书证号"字段应取自"读者信息"表,而不是"借书登记"表。

操作提示:

(1) 利用"报表向导"创建所需报表的基本结构,然后在设计视图中打开报表,如图 15-11 所示。

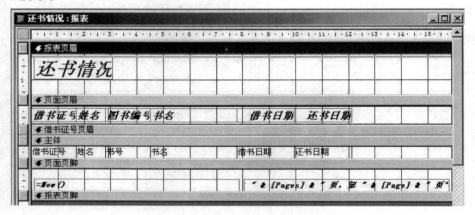

图 15-11　在设计视图中打开报表

(2) 设置"未还书"记录的显示方式为斜体、加粗。

① 按住[Shift]键的同时,鼠标单击主体栏中的"书号""书名""借书日期"和"还书日期"文本框控件,使之同时被选中。

② 在"报表设计工具|格式"选项卡"控件格式"分组中,单击【条件格式】按钮 ,打开"条件格式规则管理器"对话框,如图 15-12 所示。

图 15-12　"条件格式规则管理器"对话框

③ 单击【新建规则】按钮打开"新建格式规则"对话框,在下拉列表中选择"表达式为",在其右边的框中输入表达式"[还书日期] is null",然后依次单击右下方的命令按钮(加粗和斜体),如图 15-13 所示。

第1部分 上机实验

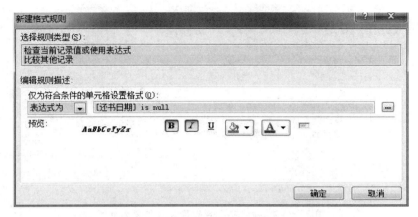

图 15-13 "新建格式规则"对话框

④ 单击【确定】按钮完成设置并关闭对话框,返回到"条件格式规则管理器"对话框,如图 15-14 所示。

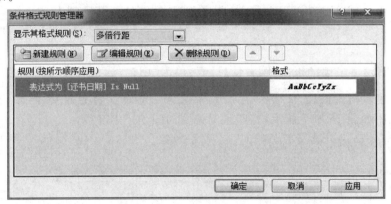

图 15-14 "条件格式规则管理器"对话框

(3) 在设计视图选中主体节中的所有文本框控件,打开"属性"窗口,设置各文本框中的数据显示"格式"属性为:实线边框、居中,如图 15-15 所示。修改后的报表打印预览视图如图 15-16 所示。

图 15-15 文本框"格式"属性设置

图 15-16　创建完成后的报表打印预览视图

(4) 保存设置。完成报表的创建。

【题 4】利用"自动创建报表：表格式"方法创建"读者信息一览表"报表(不包含"照片"字段)，然后修改报表，使之按"部门"字段的降序分组，并统计各部门的人数。

操作提示：

(1) 在导航窗格中选择报表"读者信息"表，单击"创建"选项卡"报表"分组中的【报表】按钮，自动创建表格式报表，命名保存为"读者信息一览表"(删除有关"照片"的控件并调整布局)，设计视图如图 15-17 所示，打印预览视图如图 15-18 所示。

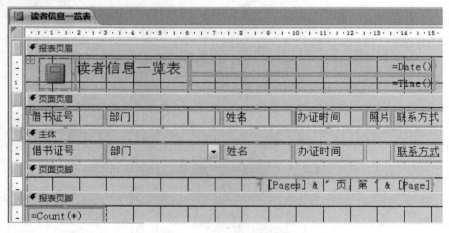

图 15-17　"读者信息一览表"报表设计视图

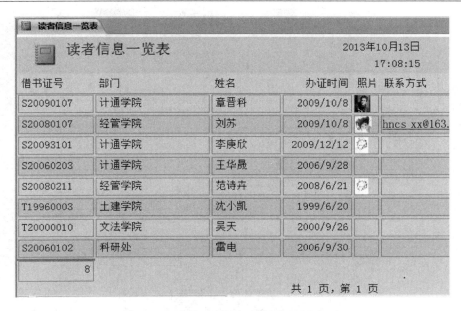

图15-18 "读者信息一览表"报表打印预览视图

(2) 在报表设计视图中,单击"报表设计工具|设计"选项卡"分组和汇总"中的【分组和排序】按钮,打开"分组、排序和汇总"窗格,如图15-19所示。设置如下:

① 单击【添加组】命令按钮,为"分组形式"选择"部门"字段。

② 在对应的排序方式下拉列表中选择"降序"。

③ 在"更多"栏选择"有页眉节"与"有页脚节"属性。

④ 完成设置后的"分组、排序和汇总"窗格如图15-20所示。

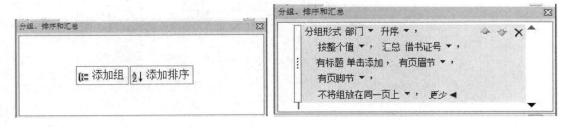

图15-19 初始状态的"分组、排序和汇总"窗格　　图15-20 完成设置后的"分组、排序和汇总"窗格

(3) 关闭"分组、排序和汇总"窗格,返回设计视图,可见其中添加了"部门页眉"节和"部门页脚"节,即添加了一个组对象。

(4) 再将主体节中的"部门"组合框移至组页眉中(利用"剪切""复制"操作);在组页脚中添加(计算字段)文本框,控件来源属性为"=Count([姓名])",文本框附加标签显示"部门人数"。设计视图如图15-21所示,打印预览视图如图15-22所示。

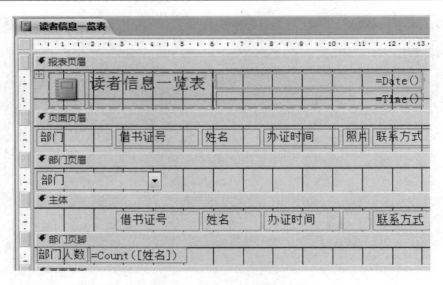

图 15-21 "读者信息一览表"报表设计视图

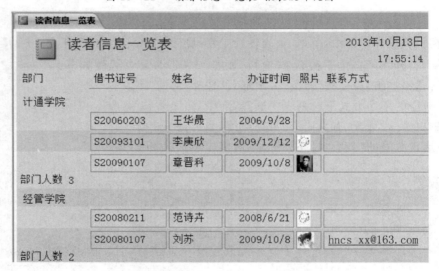

图 15-22 "读者信息一览表"报表打印预览视图

【思考题】

1. 如何设置分组报表？
2. 如何利用文本框输入表达式？

实训 16 报表设计(二)

【实验目的】

1. 掌握用设计视图方法创建报表。
2. 掌握用"图表向导"方法创建报表。
3. 掌握用"标签向导"方法创建报表。

【实验内容】

【题 1】使用标签向导,建立一个"图书登记卡"标签,如图 16-1 所示。

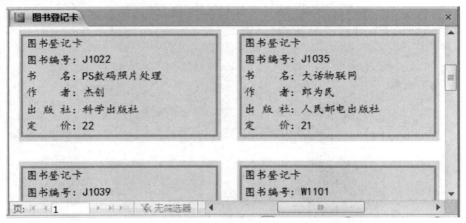

图 16-1 "图书登记卡"标签报表

操作提示:

(1) 利用标签向导创建标签报表,数据源为单一数据表:"图书信息"表。

① 在导航窗格中选中"图书信息"表作为数据来源。

② 在 Access 窗口中选择"创建"选项卡"报表"分组,然后单击【标签】按钮 ,打开"标签向导"对话框,根据向导的引导逐步创建报表。图 16-2 所示是"标签向导"的第 3 个对话框的用户设置。

跟随向导完成报表的创建后,在设计视图中打开所建报表。

(2) 进一步修饰完善报表:

① 调整控件布局。

② 在主体节中添加一个矩形框,设置其"背景样式"属性为"透明","边框样式"属性为"实线","边框宽度"为"2pt",作为每张登记卡片的边框线。

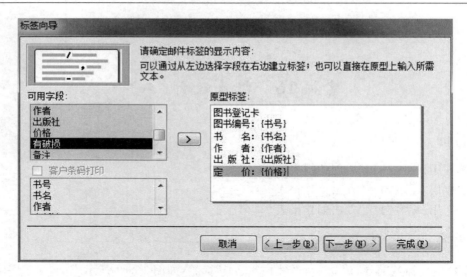

图 16-2 "标签向导"对话框之一

③ 完成后的报表设计视图如图 16-3 所示。

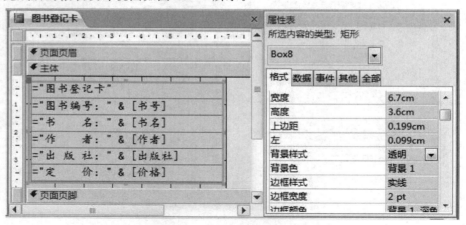

图 16-3 修饰后的设计视图

(3) 保存对报表的设置。

【题 2】建立一个"读者借书"报表,显示每个读者的借书情况,要求使用主/子报表实现。

解题分析:

如果要创建主/子报表,应确保主、子报表的数据源之间已建立关联。

有两种方法创建主/子报表:一是在已有报表中创建子报表,二是将已有报表作为子报表添加到另一个报表中。本题采用第 1 种方法。

操作提示:

(1) 创建主报表,仅包含读者主要信息(如借书证号、姓名、部门及照片),图 16-4 所示为主报表的设计视图。

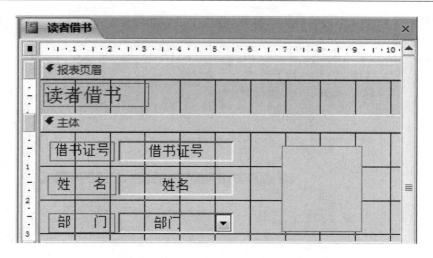

图 16-4 主报表的设计视图

（2）在设计视图中打开所建主报表，将子报表链接到主报表。

① 确保已选择了工具箱中的"控件向导"工具。

② 单击工具箱中的"子窗体/子报表"工具 ▦ 。

③ 在主报表主体节上单击需要放置子报表的位置，打开"子报表向导"第 1 个对话框，设置如图 16-5 所示。

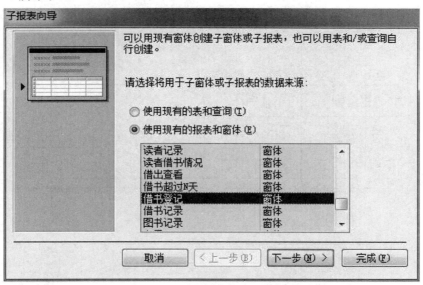

图 16-5 "子报表向导"第 1 个对话框

④ 按照向导对话框中的指导进行操作,完成子报表的创建。如图 16-6 所示是"子报表向导"第 2 个对话框的设置。

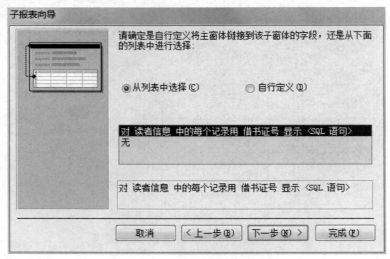

图 16-6 "子报表向导"第 2 个对话框

结束向导以后,报表的设计视图如图 16-7 所示。

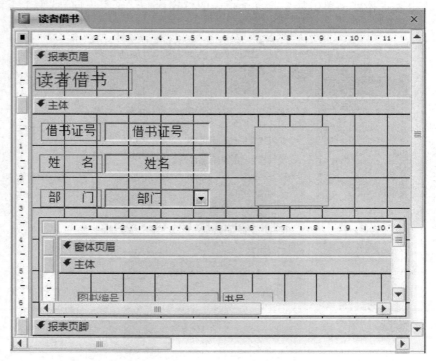

图 16-7 主/子报表的设计视图

(3) 调整报表各控件的大小及布局、添加修饰控件(如直线)、美化报表外观。

（4）在打印预览视图中打开报表，如图 16-8 所示。

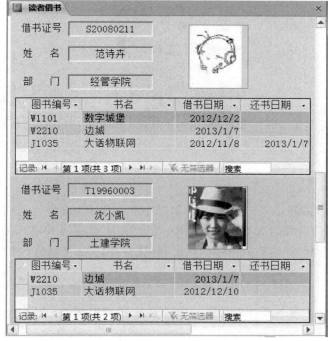

图 16-8　主/子报表的打印预览视图

【思考题】

1. 怎样为现有报表添加分组？
2. 怎样为报表添加计算控件？

实训 17 宏

【实验目的】
1. 掌握宏的设计方法。
2. 掌握宏的使用。

【实验内容】

【题1】设计一个"借阅记录"窗体,在文本框中输入书号(或书号的前几位)后,单击【查找】按钮即可显示借阅该书的所有记录;如果"书号"文本框中没有输入书号,则单击【查找】按钮时显示一个消息框,提示输入书号。用宏完成【查找】按钮的操作。

解题分析:

窗体是人机交互界面。可以用文本框控件接受用户的输入(查询条件),再用命令按钮控件启动查询。

命令按钮控件启动查询(或打开窗体、报表)有3种方法:一是在创建命令按钮时,利用控件向导,与指定功能建立连接;二是通过设置命令按钮的"单击"属性,使之与具有某种功能的"宏"建立连接;三是编写命令按钮的事件过程。这3种方法的设置能力强弱比较为"1<2<3"。本例采用第2种方法。

操作提示:

(1) 在设计视图中创建窗体,保存窗体为"借阅记录"。

在窗体中设置一个名称为"txtShh"的未绑定文本框、一个标签和一个命令按钮,如图17-1所示。

图 17-1 窗体设计视图

(2) 利用查询向导创建一个查询,数据源来自"读者信息"表、"图书信息"表和"借书登记"表,保存为"借阅查询"。

设置查询条件。在设计网格"书号"列的"条件"单元格中,输入查询条件:[Forms]![借书记录]![txtShh],如图 17-2 所示。

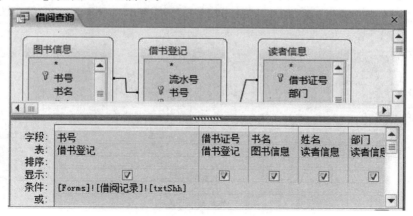

图 17-2 查询设计视图

(3) 创建宏,保存为"书号查找宏"。

在设计视图中打开宏,然后设置如图 17-3 所示。详细设置参见表 17-1。

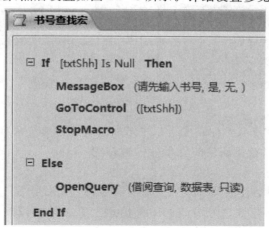

图 17-3 宏设计视图

表 17-1 "书号查找宏"参数设置

条件	操作	操作参数名称	操作参数	操作说明
[txtShh] Is Null (未输入书号)	MessageBox	消息	"请先输入书号"	若未输入书号,则弹出信息提示框,且光标仍停留在文本框中
	GoToControl	控件名称	[txtShh]	
	StopMacro			
(已输入书号)	OpenQuery	查询名称	借阅查询	按给定书号执行查询
		数据模式	只读	查询结果不能编辑

(4) 将宏连接到命令按钮上。

① 在"借阅记录"窗体的设计视图中选中【查找】按钮。

② 打开命令按钮"属性"窗口。

③ 选择"事件"选项卡,在"单击"属性框的下拉列表中选择"书号查找宏",如图17-4所示。

图17-4 命令按钮"属性"窗口

(5) 保存对窗体、查询及宏的设置修改,完成设计任务。

启动"借阅记录"窗体,输入查找书号为"W1101",单击【查找】按钮,结果如图17-5所示。

图17-5 启动窗体及查询结果

思考:如何实现模糊查找?即在文本框中只输入书号的前几位后进行查找。

提示:Like 运算符可查找满足部分条件的数据,如 Like "张 * "可指定查找姓名字段中张姓的记录。

【题2】设计一个"图书查询"窗体,从文本框中输入一个书号后,单击【查找】按钮,可以打开"图书信息"窗体,显示与该书号对应的图书信息。单击【取消】按钮可以关闭"图书信息"窗体。用宏组完成【查找】和【取消】按钮的操作。

解题分析:

主窗体是系统与用户的交互界面,系统在此获取用户要查找的书号,然后通过命令按钮以启动查询,并进一步显示查询结果。所以设计时要考虑①主窗体的设计;②查询对象的设计;③查询结果的显示(可以直接显示查询对象的数据表视图,也可以设计一个表格式窗体显示查询的结果)。

操作提示:

(1) 创建主窗体。在设计视图中创建窗体,命名为"图书查询"。在窗体中设置一个名称为"txtShh"的未绑定文本框、一个标签和两个命令按钮,如图17-6所示。

(2) 创建查询对象。利用查询向导创建一个查询,数据源来自"图书信息"表,保存为"图书信息查询"。

图 17-6 "图书查询"窗体

设置查询条件。在设计网格区"书号"列的"条件"单元格中,输入以下查询条件:Like [Forms]![图书信息]![txtShh] & "*",查询设计视图如图 17-7 所示。

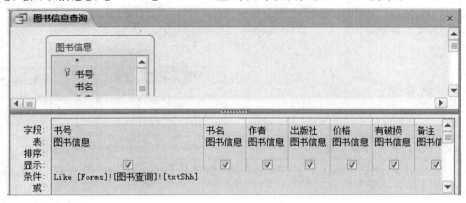

图 17-7 查询设计视图

(3) 创建表格式窗体用来显示查询结果。利用窗体向导创建窗体,数据源为图 17-7 所示的查询对象"图书信息查询",在设计视图中打开窗体,如图 17-8 所示。保存窗体为"图书信息"。

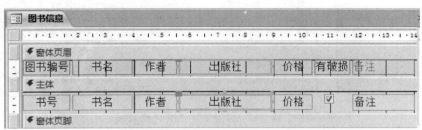

图 17-8 窗体设计视图

(4) 创建 2 个宏:"确定"宏和"取消"宏。

在"创建"选项卡"宏与代码"分组中,单击【宏】按钮打开宏设计窗口,然后设置如图 17-9 和图 17-10 所示。其中"查找"宏的详细设置参见表 17-2。

表17-2 "查找"宏的参数设置

条件	操作	操作参数名称	操作参数	操作说明
[txtShh] Is Null (未输入书号)	MessageBox	消息	"请先输入书号"	若未输入书号,则弹出信息提示框,且光标仍停留在文本框中
	GoToControl	控件名称	[txtShh]	
	StopMacro			
(已输入书号)	OpenForm	窗体名称	图书信息	通过打开"图书信息"窗体执行查询。

图17-9 "查找"宏设计视图　　　　图17-10 "取消"宏设计视图

(5) 将宏连接到命令按钮上。将"图书查询"窗体中【查找】按钮与"查找"宏链接,将【取消】按钮与"取消"宏链接。

(6) 保存对窗体、查询及宏的设置修改,完成设计任务。

启动"图书查询"窗体,输入书号为"W",单击【查找】按钮,结果如图17-11所示。

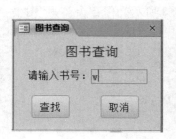

图17-11 启动窗体及查询结果

【思考题】

1.【题2】应做什么样的补充设计,才能确保"图书信息"表不会被用户修改?
2. 宏有什么作用? 有几种类型的宏?
3. 宏有几种视图?
4. 将【题2】(4)两个基本宏的设计改为宏组的设计。

实训 18 VBA 编程基础

【实验目的】

1. 熟悉模块对象的基本操作。
2. 熟悉 VBA 集成开发环境。
3. 掌握 VBA 基本的数据类型、变量、常量和表达式的使用方法。
4. 掌握基本的数据输入输出方法。
5. 了解常用内部函数的使用方法。

【实验内容】

【题1】 编写第一个 VBA 程序：显示 "Hello VBA!"。

操作提示：

(1) 在"图书管理"数据库窗口中选择"创建"选项卡"宏与代码"分组，单击【模块】按钮 ，进入到 VBA 开发环境（VBE），如图 18-1 所示，从左边的"工程管理器"可以看到新加入的"模块1"，右边窗口是模块1的"代码窗口"。

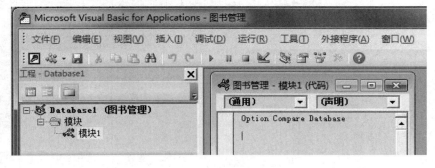

图 18-1 VBE

(2) 执行"插入|过程"菜单命令，打开"添加过程"对话框，在其中输入过程名称为"MyFirstPro"，选择类型为"子程序"，范围为"私有的"，如图 18-2 所示。

(3) 单击【确定】按钮，关闭对话框，系统自动在代码窗口添加过程的代码框架，在其中输入"MsgBox "Hello VBA!""语句，如图 18-3 所示。

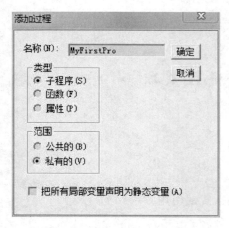

图 18-2 "添加过程"对话框

图 18-3 代码窗口

(4) 单击工具栏上的【运行】按钮 ▶，或执行"运行|运行子过程/用户窗体"菜单命令运行此程序，弹出消息对话框，如图 18-4 所示。

(5) 执行"文件|保存"菜单命令，将所建模块命名为"M-18-1"后保存，否则在退出 Access 时，系统会自动弹出消息框，提示用户保存模块。

保存以后的模块会出现在 Access 窗口"导航窗格"的"模块"对象栏中，在此选中已有模块对象，再单击右键快捷菜单中的"设计视图"菜单命令，可直接进入 VBE 中该模块的代码窗口。

【题 2】在【题 1】的基础上添加模块，如图 18-5 所示，调试并运行代码。

图 18-4 运行结果

图 18-5 代码窗口

【题 3】在窗体上建立一个标签和一个命令按钮，运行时按下按钮能执行 VBA 代码，在标签上显示当前日期。如图 18-6 所示。

解题分析：

根据题意，首先应设计窗体，然后为窗体上的命令按钮编写单击事件代码。

图 18-6 窗体视图

操作提示：

（1）建立一个窗体如图 18-6 所示，窗体上设置 1 个标签控件和 1 个命令按钮控件。主要属性设置如表 18-1 所示。另外设置窗体的"滚动条"属性为"无"，"记录选择器""导航按钮"属性均为"否"。

表 18-1 主要属性设置

属性 对象	名称属性	标题属性
窗体	Form	显示当前日期
标签控件	lblDate	今天是
命令按钮控件	cmdDisplay	显示当前日期

（2）在命令按钮"属性"窗口设置"单击"属性为"事件过程"，如图 18-7 所示。再单击"单击"属性右边的"生成器"按钮，切换到 VBE，此时在代码窗口中已经自动创建了命令按钮的鼠标单击事件过程框架。如图 18-8 所示。

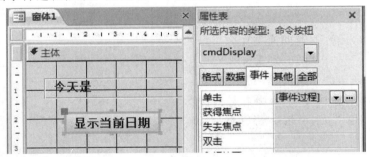

图 18-7 设置窗体"单击"属性

（3）在框架中输入代码：lblDate.Caption＝lblDate.Caption & Date，其中 Date 是系统的日期函数。此时代码窗口如图 18-9 所示。

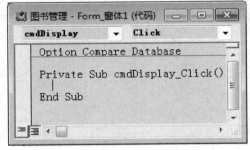

图 18-8 命令按钮单击事件过程框架

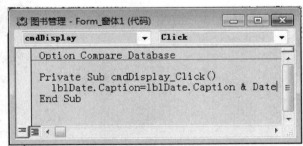

图 18-9 命令按钮单击事件过程

（4）单击 VBE 主窗体工具栏的【视图】按钮，切换到 Access 窗口，保存窗体设置，命名窗体为"显示当前日期"。

(5) 调试并运行。

【题 4】 设计一个程序,由用户输入一个华氏温度 F,程序将其转换为摄氏温度 C。转换公式为: C = (5/9) * (F - 32)。

解题分析:

第 1 种方法,可以设计成由命令按钮的单击事件完成操作。代码包括:用 InputBox 接受用户输入、转换计算并由 MsgBox 完成结果的输出。这种方法界面设计工作较少。

第 2 种方法,界面上除了要放置一个命令按钮以外,还要放置一个文本框接受用户输入,一个标签用于完成结果的输出。

操作提示:

第 1 种方法的参考代码:

```
F=Val(InputBox("请输入华氏温度:"))
C= (5/9)* (F-32)
MsgBox "相应摄氏温度为" & C
```

【思考题】

1. InputBox() 函数的返回值是什么类型的?
2. 运算符 "&" 与 "+" 的区别是什么?
3. 程序中对变量的声明的作用是什么?
4. 从 Access 切换到 VBE 有哪几种方法?
5. 怎样从 VBE 返回 Access 窗口?

实训 19 选择结构

【实验目的】

1. 掌握并能灵活运用 IF 语句的多种格式和使用方法。
2. 掌握 Select Case 语句格式和使用方法。
3. 掌握条件表达式的正确书写形式。

【实验内容】

【题 1】 设计程序,对用户输入的任意两个整数,按升序输出。

解题分析:

将任意两个数按指定顺序排列是必须掌握的基本算法,基本要领就是借助第 3 个变量将 x 变量和 y 变量进行交换。代码为:

```
temp=x x=y y=temp
```

操作提示:

(1) 新建一个模块。
(2) 在代码窗口插入一个过程。
(3) 编写事件代码(流程图如图 19-1 所示)。
(4) 调试并运行。
(5) 保存模块,命名为"M-19"。

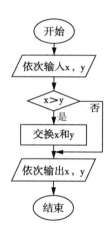

图 19-1 流程图

【题 2】 编写一个程序,要求随机产生 1~10 之间的整数和四则运算符,由学生输入答案,程序判断对错,并可进行统计。

解题分析:

(1) 产生 [a,b] 之间的随机整数的公式为

$$Int((b-a+1)*Rnd)+a$$

因此 $Int(10*Rnd)+1$ 可以产生 1~10 之间的整数。

(2) 设 1,2,3,4 分别代表 +,-,×,÷ 符号。利用 $Int(4*Rnd)+1$ 随机产生 1~4 之间的一个整数,再用 Choose() 函数将这个数对应成 +,-,×,÷。

操作提示:

(1) 窗体界面设计如图 19-2 所示。

图 19-2 窗体界面

（2）各对象属性设置如表 19-1 所示。

（3）切换至窗体的设计视图，单击 Access 窗口"窗体设计工具|设计"选项卡"工具"分组中的"Visual Basic"按钮，切换到 VBE。

表 19-1 窗体及各控件属性设置

属性 对象	名称	标题	控件来源	功能说明
窗体	Form	算术	—	—
标签控件	lblTest	—	—	运行时显示产生的算术题
文本框控件	txtAns	—	空（未绑定）	接受用户输入的答案
命令按钮控件	cmdOver	提交	—	评判并统计
	cmdNext	下一题	—	产生题目并计算标准答案
	cmdCount	统计	—	显示统计结果

（4）在代码窗口的编辑区域输入代码：

```
Dim Sum As Integer          '存放正确答案
Dim Ok As Integer           '统计用户正确次数
Dim Error As Integer        '统计用户错误次数
```

注意：上述变量是窗体模块级变量，其声明语句不能放在任何过程中，只能放在窗体文件的"通用声明"中，如图 19-3 所示。

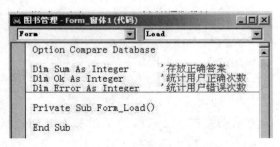

图 19-3 "通用声明"中的变量声明及 Form_Load 事件的框架

（5）从代码窗口左边的对象下拉列表中选择窗体对象"Form"，代码编辑区域中自动添加 Form_Load 事件的框架，如图 19-3 所示。编写 Form_Load 事件代码如下：

```
Private Sub Form_Load()
    Rem 1.产生运算式并显示在标签控件上
    Rem 2.计算出结果并保存在 Sum 变量中
    Dim X As Integer, Y As Integer
    Dim i As Integer
    Dim op As String *1
    Randomize                              '设置随机函数种子
    X= Int(10* Rnd)+1
    Y= Int(10* Rnd)+1
```

```
        i=Int(4*Rnd)+1
        op=Choose(i, "+", "-", "×", "÷")        '将 i 的值对应转换成运算符
        lblTest.Caption=X & op & Y & " ="       '在标签上显示运算式
        Select Case op                          '根据运算符号计算结果
            Case "+"
                Sum=X+Y
            Case "-"
                Sum=X-Y
            Case "×"
                Sum=X*Y
            Case "÷"
                Sum=X/Y
        End Select
    End Sub
```

(6) 从代码窗口的对象下拉列表中选择命令按钮，编写它们的单击事件过程代码：

```
    Private Sub cmdCount_Click()               '【统计】命令按钮单击事件过程
        MsgBox "答对" & Ok & "道/共" & (Ok+Error) & "道"
    End Sub
    Private Sub cmdNext_Click()                '【下一题】命令按钮单击事件过程
        cmdOver.Enabled=True                   '使【提交】命令按钮可用
        txtAns.SetFocus                        '将焦点置于文本框后才能处理文本框的值
        txtAns.Text=""
        Form_Load                              '调用 Form_Load 过程,产生下一题
    End Sub
    Private Sub cmdOver_Click()                '【提交】命令按钮单击事件过程
        Rem 给出评语,并统计对错次数
        txtAns.SetFocus                        '将焦点置于文本框后才能处理文本框的值
        If Val(txtAns.Text)=Sum Then
            MsgBox "正确"
            Ok=Ok+1
        Else
            MsgBox "错误"
            Error=Error+1
        End If
        cmdOver.Enabled=False                  '使【提交】命令按钮不可用
    End Sub
```

(7) 调试运行,最后命名并保存窗体。

【题 3】 编写程序,当用户在窗体的文本框中输入一个 0～100 的数字时,标签上立即能够显示对应等级:不及格、及格、中、良、优。

操作提示：

代码可写在文本框的 KeyPress 事件中。用 Choose()函数或 Select 语句完成均可。

【题4】计算 $y = \begin{cases} x^2 + x + 1 & x \leqslant 0 \\ x^2 + 4x - 2 & x > 0 \end{cases}$ 的值。

要求如下：
（1）设置窗体，用于接收用户输入的 x 值，参考界面如图19-4所示。
（2）参考代码附后。补充完成容错设置，即当未输入 x 值时单击【计算】按钮的正确处理。
（3）单击【清空】按钮时，同时清空文本框和标签。

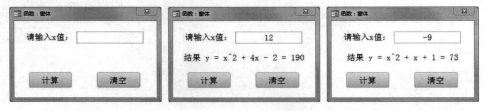

图19-4　参考界面

```
Dim x As Single, y As Single
Private Sub cmdC_Click()
    _____
    x=txtX
    lblY.Caption="结果 y = "
    If x< =0 Then
        y =x^2+x+1
        lblY.Caption=lblY.Caption & "x^2+x+1=" & Str(y)
    Else
        y=x^2+4*x-2
        lblY.Caption = lblY.Caption & " x^2+4x-2=" & Str(y)
    End If
    _____
End Sub
```

【思考题】

1.在【题2】中，若要求算式中的两个运算数，始终是前一个数不小于后一个数，请补充代码。

2.在【题2】中，可否声明 Sum 为 Integer 类型？为什么？

3.在【题2】中，Sum,Ok 和 Error 三个变量为什么要放在代码窗口的"通用声明"部分声明？可否放在某个事件过程中声明？为什么？

4.在【题2】中，考虑除数 y 为 0 时，如何容错？

实训20 循环结构

【实验目的】

1. 掌握 For…Next,Do…Loop,While…Wend 语句格式与使用方法。
2. 掌握循环次数的控制方法。
3. 理解循环嵌套的使用方法。

【实验内容】

【题1】 编写程序,对用户输入的10个数分别统计有几个是奇数,有几个是偶数。

解题分析：

可以根据下列表达式之一的成立与否,判断 x 是否为偶数：

    X mod 2=0

    Int(x/2)=x/2

    X/2=x\2

操作提示：

可以用 For 循环控制10个数的输入,在循环体中进行判断和统计。

【题2】 计算表达式 $S = \dfrac{1}{2!} - \dfrac{3}{4!} + \dfrac{5}{6!} - \dfrac{7}{8!} + \dfrac{9}{10!}$ 的值。

解题分析：

分析可知表达式的通项公式为

$$S = (-1)^{i-1} \dfrac{2 \times i - 1}{(2 \times i)!} \qquad i = 1,2,3,4,5$$

操作提示：

(1) 界面设计。

窗体放置2个标签,分别显示表达式及结果;放置1个命令按钮,用于启动计算过程。

(2) 属性设置,如表 20-1 所示。

表 20-1 属性设置

属性 对象	名称	标题
标签控件	lblProblem	S=1/2!-3/4!+5/6!-7/8!+9/10!
标签控件	lblResult	计算结果是
命令按钮	cmdCompute	计算

(3) 程序代码：

```
Private Sub cmdCompute_Click()
  Dim S As Single
  Dim i As Integer, k As Single
  Dim f As Long
  S=0                          '累加和变量赋初值
  For i=1 To 5
    f=1                        '连乘积变量赋初值
    For k=1 To 2*i
      f=f*k                    '求阶乘
    Next k
    S=S+(-1)^(i-1)*(2*i-1)/f
  Next i
  lblResult.Caption=lblResult.Caption+Format(S,"0.0000")
End Sub
```

(4) 调试运行，最后命名并保存窗体。如图 20-1 所示为运行结果。

图 20-1 运行结果

【题 3】编程实现：输入一个正数 M(M≥1)，能输出 1～M 间 3 的倍数，以及倍数和。
要求：分别使用 Do…Loop 循环的当型循环(While)和直到型循环(Until)。

【题 4】编程实现：输入一个整数 X，能判别其是否为素数。素数又称质数，指只能被 1 和自身整除的自然数。

【思考题】

1. 如何计算 For…Next 循环的次数？
2. 如何避免死循环？
3. 修改【题 2】为计算表达式 $S=\dfrac{1}{2!}-\dfrac{3}{4!}+\dfrac{5}{6!}-\dfrac{7}{8!}+\dfrac{9}{10!}\cdots$ 的值，要求在第 i 项小于 0.0001 时的值。

实训 21 过程调用

【实验目的】

1. 掌握自定义函数过程和子过程的定义和调用方法。
2. 掌握形参和实参的对应关系。
3. 掌握值传递和地址传递的传递方式。

【实验内容】

【题 1】编写程序,对用户输入的 10 个数分别统计有几个是奇数,有几个是偶数。要求用自定义函数判别奇偶数。

操作提示:

可以用 For 循环控制 10 个数的输入,在循环体中调用自定义函数。

【题 2】计算表达式 $S = \dfrac{1}{2!} - \dfrac{3}{4!} + \dfrac{5}{6!} - \dfrac{7}{8!} + \dfrac{9}{10!}$ 的值。要求用自定义函数求阶乘。

解题分析:

分析可知表达式的通项公式为:

$$S = (-1)^{i-1} \dfrac{2 \times i - 1}{(2 \times i)!} \qquad i = 1, 2, 3, 4, 5$$

操作提示:

(1) 界面设计与属性设置操作与实训 20 的【题 2】相同,此处略。

(2) 主调程序为命令按钮的单击事件,代码如下,其中 fn 为自定义函数。

```
Private Sub cmdCompute_Click()
  Dim S As Single
  Dim i As Integer, k As Single
  S=0                                       '累加和变量赋初值
  For i=1 To 5
    S=S+ (-1)^(i-1)* (2*i-1)/fn(2*i)        '通过函数调用获得(2*i)!
  Next i
  lblResult.Caption=lblResult.Caption+Format(S,"0.0000")
  End Sub
```

(3) 自定义函数 fn 的定义。

① 执行"插入|过程"菜单命令,打开"添加过程"对话框,选择类型为"函数",输入函数名为"fn",如图 21-1 所示。

② 单击【确定】按钮,在代码窗口中插入一个自定义函数的框架,如图 21-2 所示。

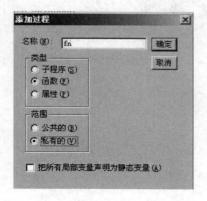

图 21-1 "添加过程"对话框

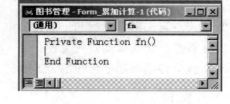

图 21-2 自定义函数的框架

③ 完善自定义函数,包括定义形参和函数的返回值类型。代码如下:

```
Private Function fn(n As Integer) As Long
  Dim f As Long
  Dim i As Integer
  f=1
  For i=1 To n
    f=f*i
  Next i
  fn=f
End Function
```

(4) 调试运行,最后命名并保存窗体。

【题 3】编程实现:输入一个正数 m(m≥1),能输出 1~m 之间 k 的倍数,以及倍数和。

要求用过程调用完成。子过程定义形式为 F(m,k),即过程功能要求能够实现输出 1~m 之间能被 k 整除的数,以及这些数的和。

操作提示:

在命令按钮的单击事件中输入 m,k,调用子过程。

【题 4】编程实现:输入一个整数 X,能判别其是否为素数。素数又称质数,指只能被 1 和自身整除的自然数。要求用函数过程完成。

【思考题】

1. 函数过程与子过程有何区别?
2. 函数过程与子过程各适合什么情况下的应用?
3. 请说明用 ByVal 或 ByRef 定义的形式参数,在虚实结合时的特点及区别。

实训22　小型数据库管理系统的设计

【实验目的】

1. 运用课程所学知识，设计一个小规模的关系数据库系统。
2. 进一步理解和掌握关系型数据库的管理软件的设计方法。
3. 理解和掌握关系型数据库的知识，熟悉查询、窗体和报表的使用方法。

【实验内容】

学生自行设计一个小规模数据库管理系统，如班级管理系统。

要求涉及以下内容及知识点：

(1) 建立一个关系型数据库文件，根据题目自行设计多个数据表。要求能够有效地存储系统所需的数据，数据冗余度小，并建立表之间的关系。

(2) 对数据库中的一个或多个表中的数据进行查找、统计和加工等操作。

(3) 使用窗体和各种控件方便而直观地查看、输入或更改数据库中的数据。

(4) 实现将数据库中的各种信息(包括汇总和统计信息)按要求的格式和内容打印出来，方便用户的分析和查阅。

第 2 部分 教程习题参考答案

第 1 章

一、选择题

1. D   2. A   3. D   4. A   5. B
6. D   7. A   8. B   9. C   10. D
11. B   12. A   13. B   14. A   15. B

二、填空题

1. 人工管理　文件系统　数据库系统　面向对象数据库系统　分布式数据库系统
2. 提高数据共享性　减少数据冗余　提高数据与程序的独立性
3. 紧密结合　松散结合
4. 物理上分布　逻辑上集中
5. 硬件系统　数据库集合　数据库管理系统和相关软件　数据库管理人员
6. 一对一关系　一对多关系　多对多关系
7. 层次模型　网状模型　关系模型
8. 差
9. 数据定义　查询　操纵　控制
10. 表　查询　宏　模块　数据访问页　窗体　报表

第 2 章

一、选择题

1. A   2. D   3. C   4. B   5. A
6. A   7. C   8. C   9. A   10. C
11. C   12. D   13. A   14. C   15. C
16. B   17. A   18. B   19. C   20. D
21. A

二、填空题

1. 外部关键字　　2. LLLL　　3. 字段输入区　　4. 默认值　　5. 文本　备注

第 3 章

一、选择题

1. A   2. D   3. C   4. C   5. C
6. C   7. C   8. A   9. B   10. A
11. D   12. A   13. D   14. C   15. D
16. B   17. D   18. C   19. C   20. A
21. B

二、填空题

1. 参数   2. 删除   3. 列标题
4. 与 或   5. 数据定义查询   6. 操作查询

第 4 章

一、选择题

1. D   2. B   3. C   4. D   5. B
6. B   7. B   8. A   9. C   10. A
11. B   12. B   13. B   14. D   15. D
16. C   17. B   18. A   19. C   20. C
21. D   22. A

二、填空题

1. 节   2. 两表(或数据表)   3. Form.Caption＝"Access 模拟"
4. 名称   5. 数据源

第 5 章

一、选择题

1. B   2. D   3. A   4. A   5. C
6. D   7. A   8. A   9. B   10. A
11. C   12. B   13. A   14. B   15. B

二、填空题

1. 报表页脚 页面页眉 页面页脚 主体节 组页眉
2. 分页符
3. =[Page] & "/共" & [Pages] & "页"
4. =
5. 直线或矩形

第6章

一、选择题

1. D 2. D 3. C 4. C 5. B
6. D 7. C 8. B 9. A 10. A
11. C 12. B 13. D 14. C 15. B
16. C 17. D 18. A

二、填空题

1. OpenTable 2. OpenReport 3. 条件操作宏 4. Beep 5. 操作
6. Autoexec 7. 排列次序
8. Forms！窗体名！控件名 Report！报名表！控件名

第7章

一、选择题

1. B 2. B 3. A 4. A 5. D
6. B 7. A 8. B 9. A 10. C
11. B 12. B 13. A 14. A 15. A
16. D 17. A 18. D 19. B 20. C

二、填空题

1. 类模块 2. $ % 无 3. 0 －1 4. 0
5. X Mod 2＝0 And Y Mod 2＝0 6. 2 * 8＝16 7. 数据类型 8. 测试表达式
9. 直到 10. 13 17 1999－11－22 ZYX123ABC 11. Dim
12. On Error 13. 事件列表 14. docmd.openquery 15. 全局变量
16. 50 50 17. C C A 18. 1 2 3 19. 1024 20. 20
21. 12 22. 290 或 291 或 292 23. True False False

三、综合编程题

1. 界面如图答1-1所示，代码如下：

```
Private Sub command1_click()
  Text1=""
  Text2=""
  Text3=""
  Text4=""
End Sub
Private Sub command2_click()
  If Text1="" Or Text2="" Or Text3="" Then
    MsgBox "成绩输入不全！"
  Else
```

图答1-1 综合编程题1题图

```
            Text4=(Val(Text1)+Val(Text2)+Val(Text3))/3
        End If
    End Sub
    Private Sub command3_click()
        DoCmd.Quit
    End Sub
```

2. 运行界面如图答 1-2 所示。

参考答案一代码如下：
```
Private Sub cmd清除_click()
   txt你好.SetFocus
   txt你好.Text=" "
End Sub
Private Sub cmd显示_click()
   txt你好.SetFocus
   txt你好.Text="你好"
End Sub
Private Sub form_load()
   Me.Caption="欢迎"
End Sub
```

图答 1-2　综合编程题 2 题图

参考答案二代码如下，当对文本框的引用是默认方式时，可以不用 SetFocus 方法：
```
Private Sub cmd清除_click()
    txt你好=" "
End Sub
Private Sub cmd显示_click()
    txt你好.Text="你好"
End Sub
Private Sub form_load()
   Me.Caption="欢迎"
End Sub
```

3. 参考答案：
```
     Private Sub Form_Click()
     For i=1 To 4
       For j=1 To i
         a=(i-1)*10+j
         Debug.Print Tab((j-1)*5+1);a;         '在立即窗口输出
       Next j
       Debug.Print
     Next i
```

        End Sub

4. 设两个命令按钮名称分别为"cmd 确定"和"cmd 取消",两个文本框名称分别为"txt 用户名"和"txt 密码"。参考代码如下:

```
Private Sub cmd确定_Click()
If txt用户名="" Or txt密码="" Then
   MsgBox "请输入完整信息"
Else
   If txt用户名="abc" And txt密码="123" Then
      MsgBox "欢迎"
   Else
      MsgBox "输入错误"
   End If
End If
End Sub


Private Sub cmd取消_Click()
   DoCmd.Close
End Sub
```

5. 设文本框 T0 用于接收数据,文本框 T1 输出转换后的信息。参考代码如下:

```
Private Sub Command4_Click()
Select Case T0
   Case 0 To 59
      T1="不及格"
   Case 60 To 79
      T1="及格"
   Case 80 To 89
      T1="良好"
   Case 90 To 100
      T1="优秀"
   Case Else
      T1="数据错误!"
End Select
End Sub
```

第3部分　仿真试卷及参考答案

全国计算机等级考试二级 Access 数据库程序设计仿真试卷(1)

一、单项选择题(每小题 1 分,合计 40 分)

1. 在 Access 中已建立了"学生"表。其中有可以存放照片的字段。在使用向导为该表创建窗体时,"照片"字段所使用的默认控件是(　　)。
   A. 图像框　　　　　　　　　　　　B. 图片框
   C. 未绑定对象框　　　　　　　　　D. 绑定对象框

2. 对数据表进行筛选操作的结果是(　　)。
   A. 将满足条件的记录保存在新表中　　B. 隐藏表中不满足条件的记录
   C. 将不满足条件的记录保存在新表中　D. 删除表中不满足条件的记录

3. 在窗体上有一个命令按钮 Command1,编写事件代码如下:
   ```
   Private Sub Command1_Click( )
       Dim d1 As Date
       Dim d2 As Date
       d1 = #12/25/2009#
       d2 = #1/5/2010#
       MsgBox DateDiff("ww", d1, d2)
   End Sub
   ```
   打开窗体运行后,单击命令按钮,消息框中输出的结果是(　　)。
   A. 1　　　　　　B. 2　　　　　　C. 10　　　　　　D. 11

4. 若有如下 Sub 过程:
   ```
   Sub sfun(X As Single, y As Single)
       t = X
       x = t/Y
       y = t Mod Y
   End Sub
   ```
   在窗体中添加一个命令按钮 Command33,对应的事件过程如下:
   ```
   Private Sub Command33_Click( )
       Dim a As Single
       Dim b As Single
   ```

```
    a=5:b=4
    sfun(a,b)
    MsgBox a & chr(10)+chr(13) & b
End Sub
```
打开窗体运行后,单击命令按钮,消息框中有两行输出,内容分别为(　　)。
A.1 和 1　　　　　B.1.25 和 1　　　　C.1.25 和 4　　　　D.5 和 4

5.某学生成绩管理系统的主窗体如图试 1-1(a)所示,单击"退出系统"按钮会弹出如图试 1-1(b)所示"请确认"提示框;如果继续单击【是】按钮,会关闭主窗体退出系统,如果单击【否】按钮,则会返回主窗体继续运行系统。

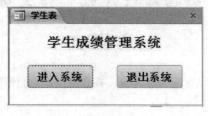
(a)

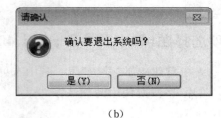
(b)

图试 1-1　5 题图

为了达到这样的运行效果,在设计主窗体时为【退出系统】按钮的"单击"事件设置了一个"退出系统"宏。正确的宏设计是(　　)。

A.

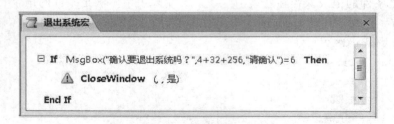

B.

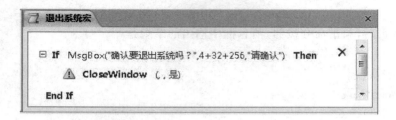

C.

D.

6. 下列程序的功能是计算 N＝2＋(2＋4)＋(2＋4＋6)＋…＋(2＋4＋6＋…＋40)的值。
```
Private Sub Command1_Click()
    t=0
    m=0
    sum=0
    Do
        t=t+m
        sum=sum+t
        m=_____
    Loop While m<41
    MsgBox "sum=" &sum
End Sub
```
空白处应该填写的语句是(　　)。
　　A. t＋2　　　　　　B. t＋1　　　　　　C. m＋2　　　　　　D. m＋1

7. 下列关于 MsgBox 语法的描述中,正确的是(　　)。
　　A. MsgBox(提示信息［,按钮类型］［,标题］)
　　B. MsgBox(标题［,按钮类型］［,提示信息］)
　　C. MsgBox(标题［,提示信息］［,按钮类型］)
　　D. MsgBox(提示信息［,标题］［,按钮类型］)

8. 在 Access 的数据表中删除一条记录,被删除的记录(　　)。
　　A. 可以恢复到原来设置　　　　　　B. 被恢复为最后一条记录
　　C. 被恢复为第一条记录　　　　　　D. 不能恢复

9. 下面描述中,不属于软件危机表现的是(　　)。
　　A. 软件过程不规范　　　　　　　　B. 软件开发生产率低
　　C. 软件质量难以控制　　　　　　　D. 软件成本不断提高

10. 某宾馆中有单人间和双人间两种客房,按照规定,每位入住该宾馆的客人都要进行身份登记。宾馆数据库中有客房信息表(房间号……)和客人信息表(身份证号、姓名、来源……);为了反映客人入住客房的情况,客房信息表与客人信息表之间的联系应设计为(　　)。
　　A. 一对一联系　　　　　　　　　　B. 一对多联系
　　C. 多对多联系　　　　　　　　　　D. 无联系

11. 在窗体中添加一个名称为 Command1 的命令按钮,然后编写如下程序:
```
Public x As Integer
Private Sub Command1_Click()
    x=10
    Call s1
```

```
        Call s2
        MsgBox x
End Sub
Private Sub s1()
    x=x+20
End Sub
Private Sub s2()
    Dim x As Integer
    x=x+20
End Sub
```
窗体打开运行后,单击命令按钮,则消息框的输出结果为(　　)。
A. 10　　　　　　　B. 30　　　　　　　C. 40　　　　　　　D. 50

12. 在 Access 中对表进行"筛选"操作的结果是(　　)。
   A. 从数据中挑选出满足条件的记录
   B. 从数据中挑选出满足条件的记录并生成一个新表
   C. 从数据中挑选出满足条件的记录并输出到一个报表中
   D. 从数据中挑选出满足条件的记录并显示在一个窗体中

13. 已经建立了包含"姓名""性别""系别""职称"等字段的"tEmployee"表。若以此表为数据源创建查询,计算各系不同性别的总人数和各类职称人数,并显示如图试 1-2 所示的结果。

图试 1-2　13 题图

正确的设计是(　　)。
A.
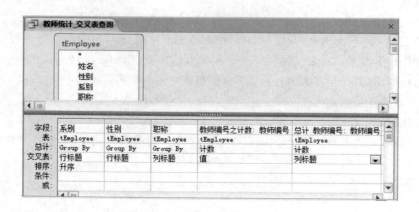

B.

C.

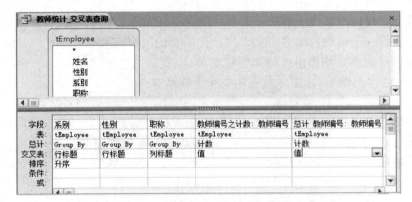

D.

14. 下列不是分支结构的语句是（　　）。

　　A. If…Then…End lf

　　B. While…Wend

　　C. If…Then…Else…End lf

　　D. Select…Case…End Select

15. 在设计表时，若输入掩码属性设置为"LLLL"，则能够接收的输入是（　　）。

　　A. abcd　　　　　　B. 1234　　　　　　C. AB＋C　　　　　　D. ABa9

16. 在 Access 中,可用于设计输入界面的对象是(　　)。
    A. 窗体　　　　　B. 报表　　　　　C. 查询　　　　　D. 表
17. 在满足实体完整性约束的条件下(　　)。
    A. 一个关系中必须有多个候选关键字
    B. 一个关系中只能有一个候选关键字
    C. 一个关系中应该有一个或多个候选关键字
    D. 一个关系中可以没有候选关键字
18. 下列数据结构中,属于非线性结构的是(　　)。
    A. 循环队列　　　B. 带链队列　　　C. 二叉树　　　　D. 带链栈
19. 耦合性和内聚性是对模块独立性度量的两个标准。下列叙述中正确的是(　　)。
    A. 提高耦合性降低内聚性有利于提高模块的独立性
    B. 降低耦合性提高内聚性有利于提高模块的独立性
    C. 耦合性是指一个模块内部各个元素间彼此结合的紧密程度
    D. 内聚性是指模块间互相连接的紧密程度
20. 一间宿舍可住多个学生,则实体宿舍和学生之间的联系是(　　)。
    A. 一对一　　　　B. 一对多　　　　C. 多对一　　　　D. 多对多
21. 在关系窗口中,双击两个表之间的连接线,会出现(　　)。
    A. 数据表分析向导　　　　　　　　B. 数据关系图窗口
    C. 连接线粗细变化　　　　　　　　D. 编辑关系对话框
22. 下列叙述中正确的是(　　)。
    A. 对长度为 n 的有序链表进行查找,最坏情况下需要的比较次数为 n
    B. 对长度为 n 的有序链表进行对分查找,最坏情况下需要的比较次数为 n/2
    C. 对长度为 n 的有序链表进行对分查找,最坏情况下需要的比较次数为 $\log_2 n$
    D. 对长度为 n 的有序链表进行对分查找,最坏情况下需要的比较次数为 $n \log_2 n$
23. 用于获得字符串 S 最左边 4 个字符的函数是(　　)。
    A. Left(S,4)　　　　　　　　　　　B. Left(S,1,4)
    C. Left str(S,4)　　　　　　　　　D. Left str(S,1,4)
24. 输入掩码字符"&"的含义是(　　)。
    A. 必须输入字母或数字
    B. 可以选择输入字母或数字
    C. 必须输入一个任意的字符或一个空格
    D. 可以选择输入任意的字符或一个空格
25. SQL 查询命令的结构是:SELECT…FROM…WHERE…GROUP BY…HAVING…ORDER BY…其中,使用 HAVING 时必须配合使用的短语是(　　)。
    A. FROM　　　　　B. GROUP BY　　　C. WHERE　　　　D. ORDER BY
26. 运行下列程序,结果是(　　)。
```
Private Sub Command32_click()
    f0=1:f1=1:k=1
```

```
        Do While k<=5
            f=f0+f1
            f0=f1
            f1=f
            k=k+1
        Loop
        MsgBox  "f=" & f
    End Sub
```
   A. f=5   B. f=7   C. f=8   D. f=13

27. 通配符"♯"的含义是(　　)。
    A. 通配任意个数的字符   B. 通配任何单个字符
    C. 通配任意个数的数字字符   D. 通配任何单个数字字符

28. 下列程序的功能是输入 10 个整数：
```
    Private sub Command2_Click()
        Dim I, j, k, temp, arr(11)   As Integer
        Dim result As String
        For k=1 To 10
            arr(k)=Val(InputBox("请输入第" & k &"个数：","数据输入窗口"))
        Next k
        i=1
        J=10
        Do
            Temp=arr(i)
            arr(i)=arr(j)
            arr(j)=temp
            i=i+1
            j=_____
        Loop While _____
        result=""
        For k=1 To 10
            result=result & arr(k) & Chr(13)
        Next k
        MsgBox result
    End Sub
```
    横线处应填写的内容是(　　)。
    A. J-1 i<j   B. j+1 i<j   C. j+1 i>j   D. J-1 i>j

29. 在数据表中筛选记录，操作的结果是(　　)。
    A. 将满足筛选条件的记录存入一个新表中
    B. 将满足筛选条件的记录追加到一个表中
    C. 将满足筛选条件的记录显示在屏幕上
    D. 用满足筛选条件的记录修改另一个表中已经存在的记录

30. 建立一个基于学生表的查询,要查找出生日期(数据类型为日期/时间型)在 2008-01-01 和 2008-12-31 间的学生,在出生日期对应列的准则行中应输入的表达式是(　　)。

    A. Between 2008-01-01 And 2008-12-31

    B. Between #2008-01-01# And #2008-12-31#

    C. Between 2008-01-01 Or 2008-12-31

    D. Between #2008-01-01# Or #2008-12-31#

31. 在"student"表中,"姓名"字段的字段大小为 10,则在此列输入数据时,最多可输入的汉字数和英文字符数分别是(　　)。

    A. 5　5　　　　　B. 10　10　　　　　C. 5　10　　　　　D. 10　20

32. 对于循环队列,下列叙述中正确的是(　　)。

    A. 队头指针是固定不变的

    B. 队头指针一定大于队尾指针

    C. 队头指针一定小于队尾指针

    D. 队头指针可以大于队尾指针,也可以小于队尾指针

33. 若在"销售总数"窗体中有"订货总数"文本框控件,能够正确引用控件值的是(　　)。

    A. Forms.[销售总数].[订货总数]

    B. Forms![销售总数].[订货总数]

    C. Forms.[销售总数]![订货总数]

    D. Forms![销售总数]![订货总数]

34. 在打开窗体时,依次发生的事件是(　　)。

    A. 打开(Open)→加载(Load)→调整大小(Resize)→激活(Activate)

    B. 打开(Open)→激活(Activate)→加载(Load)→调整大小(Resize)

    C. 打开(Open)→调整大小(Resize)→加载(Load)→激活(Activate)

    D. 打开(Open)→激活(Activate)→调整大小(Resize)→加载(Load)

35. ADO 对象模型中可以打开并返回 RecordSet 对象的是(　　)。

    A. 只能是 Connection 对象

    B. 只能是 Command 对象

    C. 可以是所需要的任意对象

    D. 可以是 Connection 对象和 Command 对象

36. 下面描述中错误的是(　　)。

    A. 系统总体结构图支持软件系统的详细设计

    B. 软件设计是将软件需求转换为软件表示的过程

    C. 数据结构与数据库设计是软件设计的任务之一

    D. PAD 图是软件详细设计的表示工具

37. Access 数据库中,表的组成是(　　)。

    A. 字段和记录　　　B. 查询和字段　　　C. 记录和窗体　　　D. 报表和字段

38. 若窗体 Form1 中有一个命令按钮 Cmd1,则窗体和命令按钮的 Click 事件过程名分别为(　　)。

A. Form_Click()   Command1_Click()
B. Form1_Click()   Commamd1_Click()
C. Form_Click()   Cmd1_Click()
D. Form1_Click()   Cmd1_Click()

39. 在教师信息输入窗体中,为职称字段提供"教授""副教授""讲师"等选项供用户直接选择,应使用的控件是(   )。
    A. 标签   B. 复选框   C. 文本框   D. 组合框

40. 在窗体中有一个文本框 Test1,编写事件代码如下:
```
Private Sub Form_Click(   )
    X=val(InputBox("输入 x 的值"))
    Y=1
    If X<>0 Then Y=2
    Text1.Value=Y
End Sub
```
打开窗体运行后,在输入框中输入整数 12,文本框 Text1 中输出的结果是(   )。
A. 1   B. 2   C. 3   D. 4

二、基本操作题(共 1 题,合计 18 分)

在考生文件夹中有一个"Acc1-基本操作题.accdb"数据库。

(1)将"学生"表以文本文件格式导出,保存到考生文件夹下,第一行包含字段名称,分隔符为逗号。保存文件名为"学生.txt"。

(2)将"课程"表的"课程名称"字段列冻结,"课程编号"列隐藏,按"学分"字段"升序"排列。

(3)为"教师"表创建高级筛选,筛选出具有博士学历的教师信息。

三、应用题(共 1 题,合计 24 分)

在"Acc1-应用题.accdb"数据库中有"员工""订单""订单明细""产品"和"工资"表。

(1)以"订单"和"订单明细"表为数据源,创建查询"每天销售额",统计每一天的销售额。结果显示"定购日期"和"销售款"字段,销售款=(单价*数量)*折扣。查询结果如图试 1-3 所示。

图试 1-3   应用题图 1

(2)以"员工"表为数据源,创建查询"查询 1",查询性别为"女"且具有"销售代表"职位的人员信息。结果显示"姓氏""名字""性别""职务"和"地址"。查询结果如图试1-4所示。

图试1-4 应用题图2

四、综合题(共1题,合计18分)

考生文件夹下存在一个数据库文件"Acc1-综合题.accdb",里面已经设计好表对象"教职工"和宏对象"mos",以及以"教职工"为数据源的窗体对象"Employee"。试在此基础上按照以下要求补充窗体设计:

(1) 在窗体的页眉节区添加一个标签控件,其名称为"sTitle",初始化标题显示为"职工基本信息",字体为"隶书",字号为"18",字体粗细为"加粗"。

(2) 在窗体页脚区添加一个命令按钮,命名为"com1",按钮标题为"显示职工"。

(3) 设置按钮"com1"的单击事件属性为运行宏对象"mos"。

(4) 将窗体的滚动条属性设置为"两者均无"。完成后的窗体如图试1-5所示。

注意:不允许修改窗体对象"Employee"中未涉及的控件和属性;不允许修改表对象"职工"和宏对象"mos"。

图试1-5 综合题图

源文件下载

全国计算机等级考试二级 Access 数据库程序设计仿真试卷(2)

一、单项选择题(每小题 1 分,合计 40 分)

1. 在数据库设计中,将 E－R 图转换成关系数据模型的过程属于(　　)。
   A. 需求分析阶段　　　　　　　　B. 概念设计阶段
   C. 逻辑设计阶段　　　　　　　　D. 物理设计阶段

2. 下列选项中,不是 Access 窗体事件的是(　　)。
   A. Load　　　　B. Unload　　　　C. Exit　　　　D. Activate

3. 若 Access 数据库的一张表中有多条记录,则下列叙述中,正确的是(　　)。
   A. 记录前后顺序不能任意颠倒,要按照输入的顺序排列
   B. 记录前后顺序可以任意颠倒,不影响表中的数据关系
   C. 记录前后顺序可以任意颠倒,排列顺序不同,统计结果可能不同
   D. 记录前后顺序不能任意颠倒,一定要按照关键字段值的顺序排列

4. 运行下列程序,显示的结果是(　　)。
```
Private Sub Command34_Click( )
    i = 0
    Do
        i = i + 1
    Loop While i < 10
    MsgBox i
End Sub
```
   A. 0　　　　　　B. 1　　　　　　C. 10　　　　　　D. 11

5. 在"按教师姓名查询_窗体"中有名为 tName 的文本框,如图试 2-1 所示。

图试 2-1　5 题图

在文本框中输入要查询的姓名,当单击【查询】按钮时,运行名为"查询 1"的查询,该查询显示教师编号、姓名和职称共 3 个字段。下列"查询 1"的设计视图中,正确的是(　　)。

A.

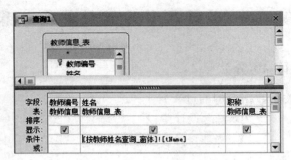

B.

C.

D.

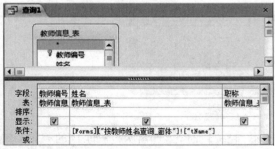

6. 若某个字段设置的输入掩码为"####—######",则下列输入数据中,正确的是( )。
   A. 0731—abcdef   B. 0731—123456
   C. abcd—123456   D. ####—######
7. Access 数据库的结构层次是( )。
   A. 数据库管理系统→应用程序→表

B. 数据库→数据表→记录→字段

C. 数据表→记录→数据项→数据

D. 数据表→记录→字段

8. 用链表表示线性表的优点是(　　)。

A. 便于随机存取

B. 花费的存储空间较顺序存储少

C. 便于插入和删除操作

D. 数据元素的物理顺序与逻辑顺序相同

9. 在学校中,教师的"职称"与教师个人"职工号"的关系是(　　)。

A. 一对一联系　　　　　　　　　　B. 一对多联系

C. 多对多联系　　　　　　　　　　D. 无联系

10. 已知教师表"学历"字段的值只可能是四项(博士、硕士、本科或其他)之一,为了方便输入数据,设计窗体时,学历对应的控件应该选择(　　)。

A. 标签　　　　B. 文件框　　　　C. 复选框　　　　D. 组合框

11. 在窗体中添加一个名称为 Command1 的命令按钮,然后编写如下事件代码：

```
Private Sub Command1_Click(　　)
    MsgBox f(24,18)
End Sub
Public Function f(m As Integer,n As Integer) As Integer
    Do While m<>n
        Do While m>n
            m=m-n
        Loop
        Do While m<n
            n=n-m
        Loop
    Loop
    f=m
End Function
```

窗体打开运行后,单击命令按钮,则消息框的输出结果是(　　)。

A. 2　　　　　B. 4　　　　　C. 6　　　　　D. 8

12. 在 Access 中,可用于设计输入界面的对象是(　　)。

A. 窗体　　　　B. 报表　　　　C. 查询　　　　D. 表

13. 下列表达式计算结果为数值类型的是(　　)。

A. #5/5/2010#-#5/1/2010#　　　　B. "102">"11"

C. 102—98+4　　　　　　　　　　D. #5/1/2010#+5

14. 若变量 i 的初值为 8,则下列循环语句中循环体的执行次数为(　　)。

```
Do While i<=17
    i=i+2
Loop
```

A. 3 次 　　　　　B. 4 次 　　　　　C. 5 次 　　　　　D. 6 次

15. 在报表中,要计算"数学"字段的最低分,应将控件的"控件来源"属性设置为(　　)。
    A. ＝Min([数学])　　B. ＝Min(数学)　　C. ＝Min[数学]　　D. Min["数学"]

16. 在 VBA 中,下列关于过程的描述中正确的是(　　)。
    A. 过程的定义可以嵌套,但过程的调用不能嵌套
    B. 过程的定义不可以嵌套,但过程的调用可以嵌套
    C. 过程的定义和过程的调用均可以嵌套
    D. 过程的定义和过程的调用均不能嵌套

17. 下列链表中,其逻辑结构属于非线性结构的是(　　)。
    A. 二叉链表　　　B. 循环链表　　　C. 双向链表　　　D. 带链的栈

18. 有 3 个关系 R,S 和 T 如下:

R		
A	B	C
a	1	2
b	2	1
c	3	1

S		
A	B	C
d	3	2

T		
A	B	C
a	1	2
b	2	1
c	3	1
d	3	2

其中关系 T 由关系 R 和 S 通过某种操作得到,该操作为(　　)。
    A. 选择　　　　　B. 投影　　　　　C. 交　　　　　　D. 并

19. 下面叙述中错误的是(　　)。
    A. 软件测试的目的是发现错误并改正错误
    B. 对被调试的程序进行"错误定位"是程序调试的必要步骤
    C. 程序调试通常也称为 Debug
    D. 软件测试应严格执行测试计划,排除测试的随意性

20. 窗体中有 3 个命令按钮,分别命名为 Command1,Command2 和 Command3。当单击 Command1 按钮时,Command2 按钮变为可用,Command3 按钮变为不可见。下列 Command1 的单击事件过程中,正确的是(　　)。

    A. Private Sub Command1_Click( )
    　　Command2.Visible＝True
    　　Command3.Visible＝False
    　End Sub

    B. Private Sub Command1_Click( )
    　　Command2.Enable＝True
    　　Command3.Enable＝False
    　End Sub

    C. Private Sub Command1_Click( )
    　　Command2.Enable＝True
    　　Command3.Visible＝False
    　End Sub

    D. Private Sub Command1_Click( )

```
        Command2.Visible =True
        Command3.Enable =False
    End Sub
```

21. 算法分析的目的是（　　）。
    A. 找出数据结构的合理性
    B. 找出算法中输入和输出之间的关系
    C. 分析算法的易懂性和可靠性
    D. 分析算法的效率以求改进

22. 某窗体上有一个命令按钮,要求单击该按钮后调用宏打开应用程序 Word,则设计该宏时应选择的宏命令是（　　）。
    A. RunApp　　　　B. RunCode　　　　C. RunMacro　　　　D. RunCommand

23. 在窗体上有一个名为 num2 的文本框和 run11 的命令按钮,事件代码如下：
```
    Private Sub run11_Click(  )
        Select Case num2
            Case 0
                Result="0 分"
            Case 60 To 84
                result="通过"
            Case IS>=85
                result="优秀"
            Case Else
                result="不合格"
        End Select
        MsgBox result
    End Sub
```
    打开窗体,在文本框中输入 80,单击命令按钮,输出结果是（　　）。
    A. 合格　　　　B. 通过　　　　C. 优秀　　　　D. 不合格

24. 在窗体中有一个命令按钮 Command1 和一个文本框 Text1,编写事件代码如下：
```
    Private Sub Command1_Click(  )
        For i=1 To 4
            X=3
            For j=1 To 3
                For k=1 To 2
                    x=x+3
                Next k
            Next j
        Next i
        Text1.Value=Str(x)
    End Sub
```
    打开窗体运行后,单击命令按钮,文本框 Text1 中输出的结果是（　　）。
    A. 6　　　　B. 12　　　　C. 18　　　　D. 21

25. 下列选项中,不属于 Access 数据类型的是( )。
    A. 数字   B. 文本   C. 报表   D. 时间/日期
26. 如图试 2-2 所示的是报表设计视图,由此可判断该报表的分组字段是( )。

图试 2-2 26 题图

    A. 课程名称   B. 学号   C. 考试成绩   D. 姓名
27. 如果在文本框内输入数据后,按[Enter]键或按[Tab]键,输入焦点可立即移至下一指定文本框,应设置( )。
    A. "制表位"属性   B. "Tab 键索引"属性
    C. "自动 Tab 键"属性   D. "Enter 键行为"属性
28. 下列属于通知或警告用户的命令是( )。
    A. PrintOut   B. OutPutTo   C. MsgBox   D. SetWarnings
29. 在 E-R 图中,用来表示实体联系的图形是( )。
    A. 椭圆形   B. 矩形   C. 菱形   D. 三角形
30. 在模块的声明部分使用"OptionBase 1"语句,然后定义二维数组 A(2 to 5,5),则该数组的元素个数为( )。
    A. 20   B. 24   C. 25   D. 36
31. 在成绩中要查找成绩≥80 且成绩≤90 的学生,正确的条件表达式是( )。
    A. 成绩 Between 80 And 90   B. 成绩 Between 80 To 90
    C. 成绩 Between 79 And 91   D. 成绩 Between 79 To 91
32. 在代码中定义了一个子过程:
    Sub P(a,b)
        ……
    End Sub
    下列调用该过程的形式中,正确的是( )。
    A. P(10,20)   B. Call P   C. Call P 10,20 D. Call P(10,20)
33. 将一个数转换成相应字符串的函数是( )。
    A. Str   B. String   C. ASC   D. Chr
34. 如图试 2-3 所示的是查询设计视图的设计网格部分,从图示的内容中,可以判定要创建的查询是( )。

字段	借书证号	姓名	部门	书号	还书日期
表	读者信息	读者信息	读者信息	借书登记	借书登记
排序					
追加到	借书证号	姓名	部门	书号	
条件			"土建学院"		Is Null
或					

图试 2-3　34 题图

  A. 删除查询　　　　B. 追加查询　　　　C. 生成表查询　　　　D. 更新查询

35. 假设已在 Access 中建立了包含"姓名""基本工资"和"奖金"3 个字段的职工表,以该表为数据源创建的窗体中,有一个计算实发工资的文本框,其控件来源为(　　)。

  A. 基本工资＋奖金　　　　　　　　B. ［基本工资］＋［奖金］

  C. ＝［基本工资］＋［奖金］　　　　D. ＝基本工资＋奖金

36. 程序流程图中带有箭头的线段表示的是(　　)。

  A. 图元关系　　　　B. 数据流　　　　C. 控制流　　　　D. 调用关系

37. 窗体中有命令按钮 run34,对应的事件代码如下:

```
Private Sub run34_Click()
    Dim num As Integer,a As Integer,b As Integer,i As Integer
    For i=1 To 10
        num= InputBox("请输入数据:","输入")
        If Int(num/2)=num/2 Then
            a=a+1
        Else
            b=b+1
        End if
    Next i
    MsgBox("运行结果:a=" & Str(a)& ",b=" & Str(b))
End Sub
```

  运行以上事件过程,所完成的功能是(　　)。

  A. 对输入的 10 个数据求累加和

  B. 对输入的 10 个数据求各自的余数,然后再进行累加

  C. 对输入的 10 个数据分别统计奇数和偶数的个数

  D. 对输入的 10 个数据分别统计整数和非整数的个数

38. SQL 查询命令的结构是:SELECT…FROM…WHERE…GROUP BY…HAVING…ORDER BY…。其中指定查询条件的短语是(　　)。

  A. SELECT　　　　B. WHERE　　　　C. HAVING　　　　D. ORDER BY

39. 在窗体上有一个命令按钮 Command1,编写事件代码如下:

```
Private Sub Command1_Click( )
    Dim Y As Integer
    y=0
    Do
```

```
            y=InputBox("y=")
            If(Y Mod 10)+Int(y/10)=10 Then Debug.Print Y;
    Loop Until y=0
End Sub
```

打开窗体运行后,单击命令按钮,依次输入 10,37,50,55,64,20,28,19,-19,0,立即窗口上输出的结果是(　　)。

A. 37 55 64 28 19 19　　　　　　　　B. 10 50 20

C. 10 50 20 0　　　　　　　　　　　D. 37 55 64 28 19

40. 在下列查询语句中,与 SELECT * FROM TAB1 WHERE InStr([简历],"篮球")<>0 功能相同的语句是(　　)。

A. SELECT * FROM TAB1 WHERE TAB1.简历 Like "篮球"

B. SELECT * FROM TAB1 WHERE TAB1.简历 Like "*篮球"

C. SELECT * FROM TAB1 WHERE TAB1.简历 Like "*篮球*"

D. SELECT * FROM TAB1 WHERE TAB1.简历 Like "篮球*"

二、基本操作题(共 1 题,合计 18 分)

在"Acc2-基本操作题.accdb"数据库中有"部门""基本情况"和"职务"3 张表。

(1) 将"基本情况"表中的"职务"字段移动到"姓名"和"调入日期"字段之间。如图试 2-4 所示。

图试 2-4　基本操作题图

(2) 将该表的行高设置为"14",按照"调入日期""升序"排列。

(3) 将"职务"表和"基本情况"表的关系设置为"一对多","实施参照完整性"。

(4) 将"部门"表和"基本情况"表的关系设置为"一对多","实施参照完整性"。

三、应用题(共 1 题,合计 24 分)

在考生文件夹下的"Acc2-应用题.accdb"数据库中有"学生信息""课程"和"成绩"3 张表。

(1) 以"学生信息"表为数据源,创建查询"特定姓名查询",查询学生名字中出现"小"字的学生信息。结果显示"学生信息"表中的全部字段。

(2) 创建宏"调用特定查询宏",运行"特定姓名查询"。查询结果如图试 2-5 所示。

图试 2-5 应用题图

四、综合题(共 1 题,合计 18 分)

在考生文件夹下有"Acc2－综合题.accdb"数据库。

以"读者信息"表和"借书登记"表为数据源,创建"读者信息"窗体,如图试 2-6 所示。主窗体显示"读者信息"表的全部字段,子窗体显示每个读者对应的借书信息,包括"书号""借书日期"和"还书日期"字段。

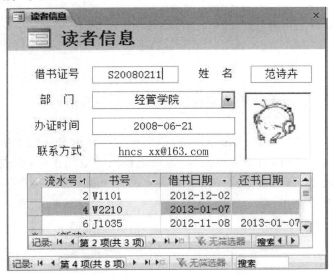

图试 2-6 综合题图

源文件下载

全国计算机等级考试二级 Access 数据库程序设计仿真试卷(3)

一、单项选择题(每小题 1 分,合计 40 分)

1. 关系数据库是数据的集合,其理论基础是(　　)。
   A. 数据库　　　　　　B. 关系模型　　　　　C. 数据模型　　　　　D. 关系代数

2. 在窗体上有一个命令按钮 Command1,编写事件代码如下:
   ```
   Private Sub Command1_Click()
       Dim X As Integer,Y As Integer
       X=12:Y=32
       Call Proc(X,Y)
       Debug.Print X;Y
   End Sub
   Public Sub proc(n As Integer,ByVal m As Integer)
       n=n Mod 10
       m=m Mod 10
   End Sub
   ```
   打开窗体运行后,单击命令按钮,立即窗口上输出的结果是(　　)。
   A. 2 32　　　　　　　B. 1 23　　　　　　　C. 2 2　　　　　　　D. 12 32

3. 在窗体中有一个名称为 run35 的命令按钮,单击该按钮从键盘接收学生成绩,如果输入的成绩不在 0～100 分之间,则要求重新输入;如果输入的成绩正确,则进入后续程序处理。run35 命令按钮的 Click 的事件代码如下:
   ```
   Private Sub run35_Click( )
       Dim flag As Boolean
       result=0
       flag=True
       Do While flag
           result=Val(InputBox("请输入学生成绩:","输入"))
           If result>=0 And result<=100 Then
               _____
           Else
               MsgBox "成绩输入错误,请重新输入"
           End If
       Loop
       Rem 成绩输入正确后的程序代码略
   End Sub
   ```
   程序中的空白处需要填入一条语句使程序完成其功能。下列选项中错误的语句是(　　)。
   A. flag=False　　　B. flag=Not flag　　　C. flag=True　　　D. Exit Do

4. 下列关于货币数据类型的叙述中,错误的是(　　)。

A. 货币型字段在数据表中占 8 个字节的存储空间

B. 货币型字段可以与数字型数据混合计算,结果为货币型

C. 向货币型字段输入数据时,系统自动将其设置为 4 位小数

D. 向货币型字段输入数据时,不必输入人民币符号和千位分隔符

5. 代表必须输入字母(A~Z)的输入掩码是(　　)。
   A. 9　　　　　　B. L　　　　　　C. #　　　　　　D. C

6. 表达式"B=INT(A+0.5)"的功能是(　　)。
   A. 将变量 A 保留小数点后 1 位
   B. 将变量 A 四舍五入取整
   C. 将变量 A 保留小数点后 5 位
   D. 舍去变量 A 的小数部分

7. 下列关于栈的叙述中正确的是(　　)。
   A. 栈按"先进先出"组织数据
   B. 栈按"先进后出"组织数据
   C. 只能在栈底插入数据
   D. 不能删除数据

8. 如果 x 是一个正的实数,保留两位小数,将千分位四舍五入的表达式是(　　)。
   A. 0.01* Int(x+0.05)　　　　　　B. 0.01* Int(100* (x+0.005))
   C. 0.01* Int(x+0.005)　　　　　　D. 0.01* Int(100* (x+0.05))

9. 下列关于 VBA 事件的叙述中,正确的是(　　)。
   A. 触发相同的事件可以执行不同的事件过程
   B. 每个对象的事件都是不相同的
   C. 事件都是由用户操作触发的
   D. 事件可以由程序员定义

10. 下列对数据输入无法起到约束作用的是(　　)。
    A. 输入掩码　　　B. 有效性规则　　　C. 字段名称　　　D. 数据类型

11. 数据流程图(DFD)是(　　)。
    A. 软件概要设计的工具
    B. 软件详细设计的工具
    C. 结构化方法的需求分析工具
    D. 面向对象方法的需求分析工具

12. 数据流图中,带有箭头的线段表示的是(　　)。
    A. 控制流　　　B. 事件驱动　　　C. 模块调用　　　D. 数据流

13. 在 SQL 查询中"GROUP BY"的含义是(　　)。
    A. 选择行条件　　　　　　B. 对查询进行排序
    C. 选择列字段　　　　　　D. 对查询进行分组

14. 学校图书馆规定,一名旁听生同时只能借一本书,一名在校生同时可以借 5 本书,一名教师同时可以借 10 本书,在这种情况下,读者与图书之间形成了借阅关系,这种借阅关系是

( )。

    A. 一对一联系   B. 一对五联系

    C. 一对十联系   D. 一对多联系

15. 在 VBA 中，错误的循环结构是( )。

    A. Do While 条件式
         循环体
      Loop

    B. Do Until 条件式
         循环体
      Loop

    C. Do Until
         循环体
      Loop 条件式

    D. Do
         循环体
      Loop While 条件式

16. 软件生命周期是指( )。

    A. 软件产品从提出、实现、使用维护到停止使用退役的过程

    B. 软件从需求分析、设计、实现到测试完成的过程

    C. 软件的开发过程

    D. 软件的运行维护过程

17. 学生表中"姓名"字段的数据类型为文本，字段大小为 10，则输入姓名时，最多可输入的汉字数和英文字母数分别是( )。

    A. 5　5   B. 5　10   C. 10　20   D. 10　10

18. 下列叙述中，错误的是( )。

    A. 宏能够一次完成多个操作

    B. 可以将多个宏组成一个宏组

    C. 可以用编程的方法来实现宏

    D. 宏命令一般由动作名和操作参数组成

19. 用 SQL 语句将 STUDENT 表中字段"年龄"的值加 1，可以使用的命令是( )。

    A. REPLACE STUDENT 年龄=年龄+1

    B. REPLACE STUDENT 年龄 WITH 年龄+1

    C. UPDATE STUDENT SET 年龄=年龄+1

    D. UPDATE STUDENT 年龄 WITH 年龄+1

20. 要设置窗体的控件属性值，可以使用的宏操作是( )。

    A. Echo   B. RunSQL   C. SetValue   D. Set

21. 下列叙述中，正确的是( )。

    A. Sub 过程无返回值，不能定义返回值类型

    B. Sub 过程有返回值，返回值类型只能是符号常量

C. Sub 过程有返回值,返回值类型可在调用过程时动态决定

D. Sub 过程有返回值,返回值类型可由定义时的 As 子句声明

22. 一棵二叉树共有 47 个结点,其中有 23 个度为 2 的结点。假设根结点在第 1 层,则该二叉树的深度为(　　)。
   A. 2　　　　　　　B. 4　　　　　　　C. 6　　　　　　　D. 8

23. 下列关于对象"更新前"事件的叙述中,正确的是(　　)。
   A. 在控件或记录的数据变化后发生的事件
   B. 在控件或记录的数据变化前发生的事件
   C. 当窗体或控件接收到焦点时发生的事件
   D. 当窗体或控件失去了焦点时发生的事件

24. 下列表达式中,能正确表示条件"X 和 Y 都是奇数"的是(　　)。
   A. X Mod 2=0 And Y Mod 2=0
   B. X Mod 2=0 Or Y Mod 2=0
   C. X Mod 2=1 And Y Mod 2=1
   D. X Mod 2=1 Or Y Mod 2=1

25. 窗体中有命令按钮 Command1 和文本框 Text1,事件过程如下:
```
Function result (Byval x As Integer) As Boolean
    If x Mod 2=0 Then
        result=True
    else
        result=False
    End if
End Function
Private Sub Command1_Click()
    x=Val(InputBox("请输入一个整数"))
    If _____ Then
        Text1=Str(x) & "是偶数."
    Else
        Text1=Str(x) & "是奇数."
    End If
End Sub
```
运行程序,单击命令按钮,输入 19,在 Text1 中会显示"19 是奇数"。那么以上程序的空白处应填写(　　)。
   A. result(x)="偶数"　　　　　　B. result(x)
   C. result(x)="奇数"　　　　　　D. NOT result(x)

26. 有 3 个关系 R,S 和 T 如下:
   关系 R 和 S 通过运算得到关系 T,则所使用的运算为(　　)。
   A. 笛卡儿积　　　B. 交　　　　C. 并　　　　D. 自然连接

27. 设有如下过程:

	R			S			T	
A	B		B	C		A	B	C
m	1		1	3		m	1	3
n	2		3	5				

```
X=1
Do
    x=x+2
Loop Until _____
```
运行程序,要求循环体执行 3 次后结束循环,空白处应填入的语句是(　　)。

A. x<=7　　　　B. x<7　　　　C. x>=7　　　　D. x>7

28. 在设计报表的过程中,如果要进行强制分页,应使用的工具图标是(　　)。

A. ▬　　　　B. ▤　　　　C. ▦　　　　D. ▤

29. 下列给出的选项中,非法的变量名是(　　)。

A. Sum　　　　B. Integer2　　　　C. Rem　　　　D. Form1

30. 因修改文本框中的数据而触发的事件是(　　)。

A. Change　　　　B. Edit　　　　C. GetFocus　　　　D. LostFocus

31. 创建参数查询时,在查询设计视图准则行中应将参数提示文本放置在(　　)中。

A. { }　　　　B. ( )　　　　C. [ ]　　　　D. < >

32. 在窗口中有一个标签 Label0 和一个命令按钮 Command1,Command1 的事件代码 如下:

```
Private Sub Command1_Click()
    Label0.Left=Label0.Left+100
End Sub
```

打开窗口,单击命令按钮,结果是(　　)。

A. 标签向左加宽　　　　　　　　B. 标签向右加宽

C. 标签向左移动　　　　　　　　D. 标签向右移动

33. 在报表中,若要得到"数学"字段的最高分,应将控件的"控件来源"属性设置为(　　)。

A. =Max([数学])　　B. =Max["数学"]　　C. =Max[数学]　　D. =Max"[数学]"

34. 一棵二叉树共有 25 个结点,其中 5 个是叶子结点,则度为 1 的结点数为(　　)。

A. 4　　　　B. 10　　　　C. 6　　　　D. 16

35. 在建立查询时,若要筛选出图书编号是"T01"或"T02"的记录,可以在查询设计视图准则行中输入(　　)。

A. "T01" or "T=02"　　　　　　B. "T01" and "T02"

C. in("T01" and "T02")　　　　D. not in("T01" and "T02")

36. 窗体中有一个名为 Command1 的命令按钮和一个名为 Text1 的文本框,事件代码如下:

```
Private Sub Command1_Click()
    Dim a(10) As Integer,b(10) As Integer
    n=3
    For i=1 To 5
```

```
        a(i)=i
        b(i)=2*n+i
    Next i
    Me! Text1=a(n)+b(n)
End Sub
```
打开窗体,单击命令按钮,文本框 Text1 中显示的内容是( )。
A. 13　　　　　　B. 14　　　　　　C. 15　　　　　　D. 16

37. SELECT 命令中用于返回非重复记录的关键字是( )。
A. TOP　　　　　B. GROUP　　　　C. DISTINCT　　D. ORDER

38. 在软件开发中,需求分析阶段产生的主要文档是( )。
A. 可行性分析报告　　　　　　B. 软件需求规格说明书
C. 概要设计说明书　　　　　　D. 集成测试计划

39. 在数据库中,建立索引的主要作用是( )。
A. 节省存储空间　　　　　　　B. 提高查询速度
C. 便于管理　　　　　　　　　D. 防止数据丢失

40. 在 Access 中,如果不想显示数据表中的某些字段,可以使用的命令是( )。
A. 隐藏　　　　　　B. 删除　　　　　C. 冻结　　　　　D. 筛选

二、基本操作题(共 1 题,合计 18 分)

考生文件夹下存在一个数据库文件"Acc3-基本操作题.accdb",其中已经设计好表对象"Student"。请按照以下要求完成对表的修改:
(1) 设置数据表显示的字体大小为"18",行高为"20"。
(2) 将"年龄"字段的字段大小改为"整型"。
(3) 将学号为"200401010101"学生的照片信息换成考生文件夹下的"tang.jpg"图像文件。
(4) 将隐藏的"入校时间"字段重新显示出来。
(5) 完成上述操作后,将"备注"字段删除。

三、应用题(共 1 题,合计 24 分)

在"Acc3-应用题.accdb"中有"产品_表"和"库存_表"。要求:
(1) 创建一个选择查询,查找并显示每种产品的"产品名称""库存数量"和"最高储备量"共 3 个字段的内容,所建查询名为"qT1"。
(2) 创建一个选择查询,查找库存数量少于 50 的产品,并显示"产品名称"和"最高储备量"。所建查询名为"qT2"。
(3) 创建一个参数查询,按产品名称查找某种产品库存信息,并显示"产品名称""库存数量"。当运行该查询时,提示框中就显示"请输入产品名称:"。所建查询名为"qT3"。
(4) 创建一个交叉表查询,统计并显示每种产品不同类别的平均单价,显示时行标题为"产品名称",列标题为"类别",计算字段为"单价",所建查询名为"qT4",如图试 3-1 所示。
注意:交叉表查询不做各行小计。

图试 3-1　应用题图

四、综合题(共 1 题,合计 18 分)

在考生文件夹下有一个"Acc3-综合题.accdb"数据库。要求：

(1) 以"产品入库表"为数据源,创建产品入库主界面窗体,窗体对象命名保存为"产品入库_窗体"。

(2) 将窗体页眉中的标签设为"产品入库主界面"、宋体、16 号、加粗、居中显示;在窗体中显示"接收日期"和"数量"文本框,显示"转入库存"复选框,并将产品代码的文本框更改为组合框,如图试 3-2 所示。

(3) 在窗体中设置"产品代码"组合框自动显示"产品信息表"中的对应的产品名称,如图试 3-3 所示,并且当添加新记录时,能够实现将其"产品代码"保存到"产品入库表"中的"产品代码"字段中。

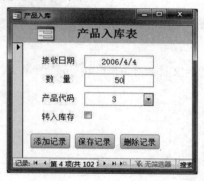
图试 3-2　综合题图 1

图试 3-3　综合题图 2

(4) 设置新记录接收日期的默认值为当天日期的前一天。在窗体中添加【添加记录】、【保存记录】和【删除记录】按钮,分别实现添加记录、保存记录和删除记录操作。

源文件下载

仿真试卷参考答案及解析

全国计算机等级考试二级 Access 数据库程序设计仿真试卷(1)

一、单项选择题

1. D

绑定对象框用于在窗体或报表上显示 OLE 对象,例如一系列的图片。而图像框是用于窗体中显示静态图片;非绑定对象框则用于在窗体中显示非结合 OLE 对象,例如电子表格。在 Access 数据库中不存在图片框控件。

2. B

筛选是把满足条件的数据显示出来,并没有创建表或者删除数据的操作。

3. B

DateDiff(timeinterval,date1,date2[,firstdayofweek[,firstweekofyear]]) 返回的是两个日期之间的差值,timeinterval 表示相隔时间的类型,ww 表示几周;而日期的 d1 和 d2 相差两周,故输出 2。

4. B

此题考查函数的调用情况,被调过程中执行 t=x,使 t 为 5;执 x=t/y,使 x=5/4 为 1.25;执行 y=t mod Y 即 y=5 mod 4,结果为 1,所以答案选择 B。语句 MsgBox a & chr(10)+chr(13) & b 中的 chr(10)+chr(13) 会造成回车换行。

5. A

此题考查宏以及 MsgBox 的内容,由题可知,当单击【是】时会退出,在 Access 中数值 6 代表 YES,所以答案选择 A。

6. C

根据题干可以得出 t 表示的是项数,m 表示的是后面加上的数,sum 是最终的结果。程序中使用 t=t+m,当循环第二次时,t=2,m=2,sum=2,当循环第三次时,t 必须为 6,此时 t=2,所以必须让 m 进行自加,答案为 m=m+2。

7. A

8. D

在 Access 中,如果将表中不需要的数据删除,则这些删除的记录将不能被恢复。

9. A

软件危机的表现有:①对软件开发的进度和费用估计不准确;②用户对已完成的软件系统不满意的现象时常发生;③软件产品的质量往往靠不住;④软件常常是不可维护的;⑤软件通常没有适当的文档;⑥软件成本在计算机系统总成本中所占的比例逐年上升;⑦软件开发生产率提高的速度,远远跟不上计算机应用迅速普及深入的趋势。

10. B

该题中客房可为单人间和双人间两种,所以,一条客房信息表记录可对应一条或两条客人信息表记录,所以为一对多联系。

11. B

在本题中,定义了一个全局变量 x,在命令按钮的单击事件中对这个 x 赋值为 10,然后依次调用 s1 和 s2;在 s1 中对 x 自加了 20;在 s2 中用 Dim 定义了一个局部变量 x,按照局部覆盖全局的原则,在 s2 中的操作都是基于局部变量 x 而不是全局变量 x。所以本题输出结果为 30。

12. A

Access 执行筛选的结果就是一些符合条件的记录,可以插入到新表,也可以生成报表,但都需要再进行下一步操作。

13. B

由题意可知,"职称"应该作为列标题,"系别""性别"和"总人数"应该作为行标题。所以 B 选项正确。

14. B

本题考查控制结构的基本用法。本题的 4 个选项中,A 为单分支选择结构;B 为循环结构;C 为双分支选择结构;D 为多分支选择结构。

15. A

掩码属性设为"LLLL"则可接受的输入数据为 4 个小写字母(L 代表一个小写字母)。

16. A

窗体用来设计输入界面的,报表和查询属于输出,表可以输入,但不可以设计界面。

17. C

实体完整性约束是一个关系具有某种唯一性标识,其中主关键字为唯一标识,而主关键字中的属性不能为空。候选关键字可以有一个或者多个,答案选择 C。

18. C

线性结构是指数据元素只有一个直接前驱和直接后继,线性表是线性结构,循环队列、带链队列和栈是指对插入和删除有特殊要求的线性表,是线性结构,而二叉树是非线性结构。

19. B

耦合是指模块间相互连接的紧密程度,内聚性是指在一个模块内部各个元素间彼此之间接合的紧密程序。高内聚、低耦合有利于模块的独立性。

20. B

两个实体间的联系可以分为 3 种:一对一、一对多、多对多。由于一个宿舍可以住多个学生,所以它们的联系是一对多联系。

21. D

双击连接线出现的是编辑关系对话框,可对关系进行新的编辑。

22. C

二分法查找只适用于顺序存储的有序表,对于长度为 n 的有序线性表,最坏情况只需比较 $\log_2 n$ 次。

23. A

获得字符串最左边字符格式为:Left(字符串名,长度)。

24. C

掩码字符"&"的含义是必须输入一个任意的字符或一个空格。

25. B

HAVING 子句是限定分组时必须满足的条件,所以要跟 GROUP BY 子句。

26. D

循环次数比较少,可以采用逐次循环的笨办法来做。

27. D

Access 中的通配符有以下几种:"♯"与任何单个数字字符匹配;"＊"与任何个数字的字符匹配,它可以在字符串中,当作第一个或者最后一个字符使用;"?"与任何单个字母的字符匹配;"["与方括号内任何单个字符匹配;"!"匹配任何不在括号之内的字符;"-"与范围内的任何一个字符匹配。必须以递增排序次序来指定区域(A 到 Z,而不是 Z 到 A)。

28. A

本题中第一个循环是将输入的数放进数组中,在第二个循环中进行逆序交换,a(1)是和 a(10)进行交换,所以当 i=i+1 时,j=j-1,当 i=5,j=5 时,会停止循环,所以条件必须为 i<j。

29. C

筛选不会对表记录作出更改,只是显示结果不同。

30. B

在 Access 中,日期型常量要求用"♯"括起来;表示区间的关键字用 Between…And…。

31. B

在文本型的字段中可以由用户指定长度,要注意在 Access 中一个汉字和一个英文字符长度都占 1 位。

32. D

循环队列是把队列的头和尾在逻辑上连接起来,构成一个环。循环队列中首尾相连,分不清头和尾,此时需要两个指示器分别指向头部和尾部。插入就在尾部指示器的指示位置处插入,删除就在头部指示器的指示位置删除。

33. D

Access 中引用控件使用"!"符号。

34. A

本题考查窗体打开发生的事件,打开窗体依次发生的事件为:打开、加载、调整大小、激活,所以答案选择 A。

35. D

36. A

软件系统的总体结构图是软件架构设计的依据,它并不能支持软件的详细设计。

37. A

在 Access 关系数据库中,用表来实现关系,表的每一行称作一条记录,对应关系模型中的元组;每一列称作一个字段,对应关系模型中的属性。

38. C

窗体的事件过程定义形式为 Form_事件名称;控件的事件过程定义形式为控件名称_事

件名称。

39. D

标签是显示信息的,文本框中输入相应的文本,组合框中才能存储多个供选择的项,复选框是一次可以选择多个项的控件。

40. B

本题考查的是 if 语句的条件判断。因为输入的值是 12,不等于 0,所以输出为 2。

二、基本操作题

(1) 打开"Acc1-基本操作题.accdb"数据库工作窗口,在导航窗格中,右键单击"学生"表,在快捷菜单中选择"导出"命令,保存位置处选择对应路径,保存类型选择"文本文件",文件名称为"学生",单击【保存】按钮,弹出"导出文本向导"对话框。选中【带分隔符】单选按钮,单击【下一步】按钮,选中字段分隔符为"逗号",选中"第一行包含字段名称",单击【下一步】按钮。单击【完成】按钮,弹出导出结果对话框,提示导出文件已经完成,单击【确定】按钮。

(2) 导航窗格单击"表"对象。打开"课程"表,右键单击"课程名称"字段列,选择"冻结列"命令,右键单击"课程编号"列,选择"隐藏列"命令,右键单击"学分"字段列,选择"升序"命令。单击工具栏中的【保存】按钮,关闭课程表。

(3) 导航窗格单击"表"对象。打开"教师"表,执行"记录|筛选|高级筛选/排序"命令,选择"学历"字段,在"条件"行输入"Like " * 博士""。执行"筛选|应用筛选/排序"命令。单击工具栏中的【保存】按钮,关闭筛选对话框,最后关闭"学生"表。

三、应用题

(1) 在"Acc1-应用题.Accdb"数据库窗口中单击"创建"选项卡"查询"分组中的"查询设计"按钮,打开查询设计视图,添加"订单"和"订单明细"表。选择"定购日期"字段,确保"查询工具|设计"选项卡"显示/隐藏"分组中的【汇总】按钮被按下。在"定购日期"字段的"总计"行选择"Group by"。添加"销售款:[单价]*[数量]*[折扣]"字段,在总计行选择"Expression"。单击【保存】按钮,输入查询名称为"每天销售额"。设计视图如图试 4-1 所示。

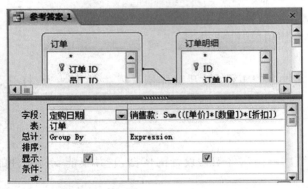

图试 4-1 应用题图 1

(2) 在"Acc2.Accdb"数据库窗口中单击"创建"选项卡"查询"分组中的【查询设计】按钮,打开查询设计视图,添加"员工"表。选择"姓氏""名字""性别""职务"和"地址"字段,在"性别"字段的"条件"行输入"女",在职位条件行输入"销售代表",设计视图如图试 4-2 所示。设查询名称为"查询1",单击【保存】按钮。

图试4-2 应用题图2

四、综合题

(1) 打开"Acc1－综合题.accdb"数据库工作窗口,在导航窗格中选择"Employee"窗体,单击【设计】按钮,打开"Employee"窗体的设计视图。将"窗体页眉"的栏标头下沿向下拖动,显示出窗体页眉区(如果窗体没有窗体页眉节,可利用右键快捷菜单将其添加),然后单击工具箱中的【标签】按钮,在"窗体页眉"区中画出一个标签控件,然后在其"属性"对话框中设置"名称"为"sTitle",设置"标题"为"职工基本信息",字体名称设置为"隶书","字号"设置为"18","字体粗细"设置为"加粗",关闭"属性"窗口。单击【保存】按钮,进行保存。

(2) 在窗体页脚区向下拖动鼠标指针,显示出窗体页脚区域。在工具箱中单击"命令按钮"控件,在窗体页脚区画出一个命令按钮,在其"属性"对话框中将其"名称"设置为"com1","标题"设置为"显示职工"。单击【保存】按钮。

(3) 在"com1"按钮的"属性"对话框中选择"事件"选项卡中的"单击"事件,在下拉列表中选择宏"mos"。单击【保存】按钮,进行保存。

(4) 单击窗体左上角的选定块,在"属性"对话框的"格式"选项卡中设置"滚动条"属性为"两者均无"。单击【保存】按钮,保存并关闭窗体。

全国计算机等级考试二级Access数据库程序设计仿真试卷(2)

一、单项选择题

1. C

数据库的设计阶段包括需要分析、概念设计、逻辑设计和物理设计,其中将E－R图转换成关系数据模型的过程属于逻辑设计阶段。

2. C

A是加载窗体,B是卸载窗体,D是激活窗体,Exit是表示中断或循环与判断的退出,而不是窗体事件。

3. B

4. C

本题考查 DO…WHILE,当 i=0 时,先执行 i=i+1,再判断 while 中的 i<10,当结果为 i=1,2,3,4,5,6,7,8,9,10 的时候才会满足,所以答案选择 C。

5. C
6. B
7. B

Access 的结构层次是数据库→数据表→记录→字段。

8. C

数据的存储结构有顺序存储结构和链式存储结构两种。不同存储结构的数据处理效率不同。由于链表采用链式存储结构,元素的物理顺序并不连续,对于插入和删除无须移动元素,很方便,当查找元素时就需要逐个元素查找,因此查找的时间更长。

9. B

本题考查关系数据库中实体之间的联系。实体之间的联系有 3 种:一对一、一对多和多对多。每位教师只对应一个职称,而一个职称可以有多位教师,从而看出本题应为一对多的联系。

10. D

根据题意"学历"字段的值只能是四项之一,所以可以使用单选按钮,在选项中没有单选按钮,与单选按钮相近的是"组合框",组合框可以产生一个下拉框选择一个,所以答案选择 D。

11. C

本题第一个内层循环,m 的值为 24-18=6,n 的值为 18;第二个内层循环,m 的值为 6,n 的值为 18-6=12;第二个内层循环,m 的值为 6,n 的值为 12-6=6。

12. A

窗体用来设计输入界面的,报表和查询属于输出,表可以输入,但不可以设计界面。

13. A

本题考察的是运算关系,A 项结果为两个日期相差的天数,为数值类型。

14. C

Do While Loop 和 Do Loop Unit 是两种基本的循环语句,Do While Loop 循环是当型循环,满足 while 条件即执行循环,Do Loop Unit 循环是直到型循环语句。

15. A

当数据源为函数表达式时,若函数处理对象为表字段,应将表字段用 [ ] 符号框起来。

16. B

在 VBA 中,过程的调用可以进行嵌套,但过程的定义不能够嵌套。

17. A

数据的逻辑结构是描述数据之间的关系,分两大类:线性结构和非线性结构。线性结构是 n 个数据元素的有序(次序)集合,指的是数据元素之间存在着"一对一"的线性关系的数据结构。常用的线性结构有:线性表,栈,队列,双队列,数组,串。非线性结构的逻辑特征是一个结点元素可能对应多个直接前驱和多个后继。常见的非线性结构有:树(二叉树等),图(网等),广义表。

18. D

关系的并运算是指由结构相同的两个关系合并,形成一个新的关系,其中包含两个关系中的所有元素。由题可以看出,T 是 R 和 S 的并运算得到的。

19. A

软件测试的目的是为了发现错误及漏洞而执行程序的过程。软件测试要严格执行测试计划。程序调式通常也称 Debug,对被调试的程序进行"错误"定位是程序调试的必要步骤。

20. C

按钮可用应设置按钮的 Enabled 属性,按钮不可见应设置按钮的 Visible 属性。

21. D

算法分析是指对一个算法的运行时间和占用空间做定量的分析,计算相应的数量级,并用时间复杂度和空间复杂度表示。分析算法的目的就是要降低算法的时间复杂度和空间复杂度,提高算法的执行效率。

22. A

选用"RunApp"命令。参数中先指定 word.exe 文件的路径,然后再指定想打开的那个 word 文档。

23. B

输入 80 时,满足 Case 60 To 84 条件,因此输出通过。

24. D

本题考查 For 循环和变量赋值问题,虽然 For i=1 To 4 执行了 4 次,但是,每次都为 x 重新赋值了,所以最终输出结果为执行 2×3 次 x=x+3 的结果,即为 21。

25. C

数字、文本、时间/日期属于 Access 数据类型,而报表可用来设计数据的显示方式,不属于数据类型。

26. A

由图可知,在报表中存在一个课程名称页眉,只有对字段进行分组后才会出现该字段的页眉,所以应该对课程名称字段进行分组。

27. B

Access 中的"Tab 键索引"属性可以设定光标跳转顺序。

28. C

PrintOut 为打印输出的意思,OutputTo 命令是输出报表中的复选框,SetWarnings 是宏命令,操作打开或关闭系统消息,MsgBox 是在对话框中显示消息,或弹出一个消息(或通知)。所以本题答案为 C。

29. C

E-R 图即实体联系图(Entity Relationship Diagram),提供了表示实体型、属性和联系的方法,用来描述现实世界的概念模型,构成 E-R 图的基本要素是实体型、属性和联系,其表示方法为:实体型(Entity):用矩形表示,矩形框内写明实体名;属性(Attribute):用椭圆形表示,并用无向边将其与相应的实体连接起来;联系(Relationship):用菱形表示,菱形框内写明联系名,并用无向边分别与有关实体连接起来,同时在无向边旁标上联系的类型(1:1,1:n 或

m:n)。

30. A

在模块的声明部分使用"Option Base 1"语句,其含义是在定义数组的时候没有写下界时的默认下界值,如果是 Option Base 5,则 dim a(20),实际上就是 dim a(5 to 20);如果已经明确指定了下界,Option Base 的默认值就不再起作用,所以这是一个 4*5 的数组。

31. C

SQL 中 between…and 为范围条件,不含两端,故选 C。

32. D

VBA 中调用子过程是用 Call 关键字加子过程名以及实参。

33. A

本题考查基本函数,将一个数转换成相应的字符串的函数是 STR 函数,所以答案选择 A。

34. B

图中有"追加到"这一行,因此是追加查询。

35. C

本题考查控件来源的知识。控件来源必须以"="引出,控件来源可以设置成有关字段的表达式,但是字段必须用"[ ]"括起来。

36. C

程序流程图中,带箭头的线段表示控制流,矩形表示加工步骤,菱形表示逻辑条件。

37. C

因为 num 被定义成 Integer 类型的变量,所以依据判断(num/2)的值是否与其整数部分相等(即是否能被 2 整除),能够判断 num 的奇偶性。

38. B

基本的 SQL 考查。

39. D

此 sub 的作用是输出个位上的数、十位上的数相加和为 10 的数,其中 Y Mod 10 是求出个位上的数,y/10 是求出十位上的数。

40. C

本题考查的是 InStr 函数。InStr 函数的格式为:InStr(字符表达式 1,字符表达式 2[,数值表达式])其功能是检索字符表达式 2 在字符表达式 1 中最早出现的位置,返回整数,若没有符合条件的数,则返回 0。本题的查询的条件是在简历字段中查找是否出现了"篮球"字样。应使用关键词"Like";在"篮球"的前后都加上"*",代表要查找的是"篮球"前面或后面有多个或 0 个字符的数据,这样也就是查找所有简历中包含"篮球"的记录。

二、基本操作题

(1) 在"Acc2-基本操作题.accdb"数据库工作窗口导航窗格中单击"表"对象,选择"基本情况"表,右键单击快捷菜单"设计视图"按钮,打开"基本情况"表的设计视图,选中"职务"字段,将其拖到"姓名"和"调入日期"字段之间,保存。

(2) 切换到数据表视图。选择"调入日期"列,单击字段名右侧的下拉箭头,在打开的下拉菜单中选择"升序"选项。

（3）关闭数据表，选择"数据库工具"选项卡"关系"分组，单击【关系】按钮打开关系窗口，单击"显示表"按钮，添加"职务"表和"基本情况"表，拖动"职务"表的"职务"字段到"基本情况"表的"职务"字段上，在"编辑关系"对话框中选择"实施参照完整性"，选择关系类型为"一对多"。

（4）再添加"部门"表，拖动"部门"表的"部门"字段到"基本情况"表的"部门"字段上，在"编辑关系"对话框中选择"实施参照完整性"，选择关系类型为"一对多"。

三、应用题

（1）打开"Acc2－应用题.accdb"数据库工作窗口，选择"创建"选项卡"查询"分组，单击【查询设计】按钮，弹出"显示表"对话框，添加"学生信息"表，单击【关闭】按钮，关闭"显示表"对话框。选择"学生信息.*"和"姓名"字段，在姓名字段行对应的"条件"行输入"Like "*小*""，同时取消"显示"复选项，设计视图如图试4－3所示。单击Access窗口"文件"下拉选项中的【对象另存为】按钮，在弹出的"另存为"对话框中输入查询名字"特定姓名查询"，单击【确定】按钮完成保存操作，单击"开始"选项卡返回查询设计视图，单击"视图"分组中的【数据表视图】按钮，可看到查询结果。

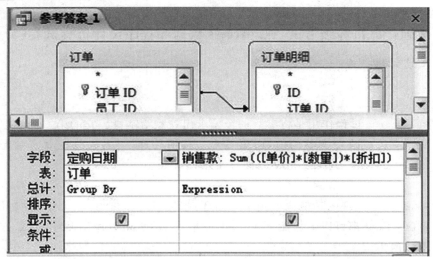

图试4－3 应用题图1

（2）选择"创建"选项卡"宏与代码"分组，单击【宏】按钮，打开宏设计窗口，在"添加新操作"列表中选择"OpenQuery"，在"查询名称"行选择"特定姓名查询"。单击Access窗口右上角快捷工具栏【保存】按钮，在弹出的"另存为"对话框中，输入宏的名称为"调用特定查询宏"，宏设计窗口如图试4－4所示。单击"宏工具|设计"选项卡"工具"分组中的【运行】按钮，可以调用"特定姓名查询"并显示查询结果。

四、综合题

在"Acc2－综合题.accdb"数据库窗口中选择导航窗格中的表"读者信息"，再选择"创建"选项卡"窗体"分组，单击"窗体"按钮，直接创建基于"读者信息"表的纵栏式窗体，与"读者信

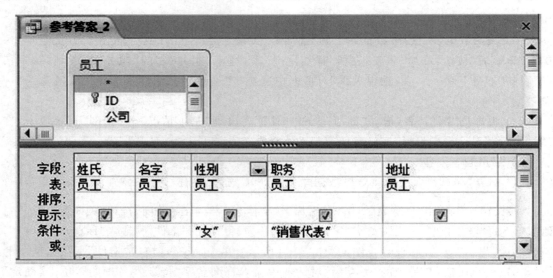

图试 4-4 应用题图 2

息"表有一对多关联的"借书情况"表将显示为子表。注意在创建此窗体之前,应首先确保两个表之间已建立一对多的关系。

全国计算机等级考试二级 Access 数据库程序设计仿真试卷(3)

一、单项选择题

1. B

2. A

由程序可知 proc 过程作用是将参数的个位求出并赋给本身。它的第一个参数是默认按地址传递,所以它可以改变实参的值,而第二个是按值传递,形参的改变对实参无影响。于是当 Call proc(X,Y)后 X 由 12 变为 2,而 Y 仍为 32。

3. C

本题中的空白处实现的功能应该是结束循环,根据循环条件可知,无论是把 flag 设置为 False 或者 NOT Flag 都可以退出循环,Exit Do 语句当然也可以退出循环,但 C 选项则会造成死循环,不能退出。

4. C

Access 中货币类型是数字数据类型的特殊类型,等价于具有双精度属性的数字字段类型。向货币字段输入数据时,不必键入人民币符号和千位处的逗号,Access 会自动显示人民币符号和逗号,并添加两位小数到货币字段。当小数部分多于两位时,Access 会对数据进行四舍五入。精确度为小数点左方 15 位数及右方 4 位数。

5. B

本题考查字段的输入掩码的知识。输入掩码中的字符"9"可以选择输入数字或空格;"L"表示必须输入字母 A~Z;"♯"表示可以选择输入数据和空格,在编辑模式下空格以空白显示,但是保存数据时将空白删除,允许输入"+"或"-";"C"表示可以选择输入任何数据和空格。

6. B

INT 函数是对其参数取整数部分,舍弃小数部分。

7. B

栈是限定在一端进行插入和删除的"先进后出"的线性表,其中允许进行插入和删除元素的一端称为栈顶。

8. B

int()函数的功能是取一个数的整数部分,将千分位四舍五入可以再加上 0.005,判断是否能进位,并截取去掉千分位的部分。

9. A

A 选项是正确的,因为相同的单击事件,可能会执行不同的过程。B 选项中,每个对象的事件可能是相同的,同样的单击按钮,事件可能都为单击事件。C 选项中,事件可以由用户触发,也可以由系统触发,同样也能进行调用。D 选项中,事件都是由系统定义好的,而不是程序员决定的。

10. C

对数据输入无法起到约束作用的是字段名称,而输入掩码、有效性规则和数据类型对数据的输入都能起到约束作用。

11. D

数据流程图是一种结构化分析描述模型,用来对系统的功能需求进行建模。

12. D

数据流图是从输入到输出的移动变换过程。用带箭头的线段表示数据流,沿箭头方向表示传递数据的通道,一般在旁边标注数据流名。

13. D

在 SQL 查询中,"GROUP BY"的含义是对查询出来的记录进行分组操作。

14. D

一个读者可对应多本书,故为一对多关系。

15. C

Do…Loop 循环可以先判断条件,也可以后判断条件,但是条件式必须跟在 While 语句或者 Until 语句的后面。

16. A

软件生命周期(Systems Development Life Cycle,SDLC)是软件的产生直到报废的生命周期,周期内有问题定义、可行性分析、总体描述、系统设计、编码、调试和测试、验收与运行、维护升级到废弃等阶段。

17. D

18. A

一个宏可以包含多个操作,但多个操作不能一次同时完成,只能按照从上到下的顺序执行各个操作。

19. C

更新修改所使用的是 UPDATE,后面要修改的子句用 SET 关键字。

20. C

Echo 是否打开响应,RunSQL 执行指定的 SQL 语句,SetValue 对窗体控件的属性值进行修改或设定。Set 不是宏操作命令。

21. A

Sub 过程是子过程,可以执行一系列的操作,但是没有返回值,因此也没有返回值的类型。

22. C

对于任意一棵二叉树,如果其叶子结点数为 N0,而度数为 2 的结点总数为 N2,则 N0=N2+1。因此叶子结点为 24 个。在二叉树中,第 i 层的结点总数不超过 $2^{(i-1)}$;因此 i=6。

23. D

对象"更新前"事件,即当窗体或控件失去了焦点时发生的事件。

24. C

同时满足 X 和 Y 都是奇数,需要使用 And 操作符,其次奇数的表达式是对 2 求余数为 1。

25. B

result 函数对参数进行取模 2 后判断,所以当参数值为偶数时返回 true,返回值为布尔型,所以此处应选 B 选项。

26. D

本题是对几种运算的使用进行考查、笛卡尔积是两个集合相乘的关系,交运算是包含两集合的所有元素,并运算是取两集合公共的元素,自然连接满足的条件是两关系间有公共域;通过公共域的相等直接进行连接。通过观察 3 个关系 R,S,T 的结果可知,关系 T 是由关系 R 和 S 进行自然连接得到的。

27. C

Do Until…Loop 循环结构是当条件为假时,重复执行循环体,直至条件表达式为真时结束循环。

28. D

强制分页图标为 D。

29. D

Form1 是窗口的默认名称,不能作为变量名称。

30. A

当文本框或组合框的文本部分的内容更改时,Change 事件发生。在选项卡控件中从一页移到另一页时,该事件也会发生。

31. C

Access 中的参数查询是利用对话框来提示用户输入准则的查询,它可以根据用户输入的准则来检索符合条件的记录,实现随机的查询需求。创建参数查询是在字段中使用"[ ]"指定一个参数。

32. D

left 属性是左边距,语句的意思是左边距加 100,因此是标签向右移动 100。

33. A

本题主要考查报表的计算字段,计算控件的控件来源必须是以等号开头的表达式,表达式中的字段名要用方括弧括起来。

34. D

根据二叉树的性质,n=n0+n1+n2(n 表示总结点数,n0 表示叶子结点数,n1 表示度数为 1 的结点数,n2 表示度数为 2 的结点数),而叶子结点数总是比度数为 2 的结点数多 1,所以 n2=n1-1=5-1=4,而 n=25,所以 n1=n-n0-n2=25-5-4=16。

35. A

当查询准则等于 A 或者等于 B 时,可以用"A Or B"或 IN(A,B)来表达,不能用其他方法表达。

36. B

当循环结束时,i=5,n=3,a(n)=3,b(n)=2*3+5=11,因此 Text1=3+11=14。

37. C

DISTINCT 为排重。

38. B

需求分析的最终结果是生成软件需求规格说明书。

39. B

在数据库中建立索引,为了提高查询速度,一般并不改变数据库中原有的数据存储顺序,只是在逻辑上对数据库记录进行排序。

40. A

在 Access 中,如果不想显示数据表中的某些字段,可以使用隐藏命令来实现。

二、基本操作题(共 1 题,合计 18 分)

(1) 在"Acc3-基本操作题.accdb"数据库中双击"student"表,打开数据表视图。执行"格式|字体"命令,弹出"字体"对话框,在其中选择字号为"18",单击【确定】按钮。再次执行"格式|行高"命令,在弹出的对话框中输入"20",然后单击【确定】按钮。单击【保存】按钮,关闭数据表。

(2) 单击"年龄"字段,在其"字段大小"栏中选择"整型"。在"备注"字段名称上单击鼠标右键,在弹出的快捷菜单中选择"删除行"命令,在弹出的确认对话框中单击【是】按钮。单击【保存】按钮,然后关闭设计视图。

(3) 在"Acc1.accdb"数据库中双击"student"表,打开数据表视图。单击学号"20061001"所在的行和"照片"列的交叉处。执行"插入|对象"命令,在弹出的对话框中选择"由文件创建",然后单击【浏览】按钮,找到考生文件夹下的"zhao.Bmp"文件,将其打开,然后单击【确定】按钮。关闭数据表窗口,数据自动保存。

(4) 在"Acc1.accdb"数据库中双击"student"表,打开数据表视图。执行"格式|取消隐藏列"命令,在弹出的"取消隐藏列"对话框中取消选中"入校时间"复选框勾选,单击【关闭】按钮。单击【保存】按钮,然后关闭数据表视图。

(5) 在"Acc1.accdb"数据库中单击"student"表,然后单击【设计】按钮,打开设计视图。右键单击"备注"字段名,在弹出的快捷菜单中选择"删除行",在弹出的删除确认对话框中单击【是】按钮,确认字段删除。单击【保存】按钮,关闭设计视图。

三、应用题(共 1 题,合计 24 分)

略。

四、综合题(共 1 题,合计 18 分)

(1) 打开"Acc3－综合题.accdb"数据库工作窗口,在导航窗口中选择"产品入库表"表对象,单击"创建"选项卡"窗体"分组中"窗体"工具,创建以"产品入库表"为数据源的简单窗体,在设计视图中按题意修改控件属性,保存所建窗体,命名为"产品入库_窗体"。

(2) 在"产品代码"文本框控件上右键单击,打开快捷菜单,选择"更改为|组合框"项,在"产品代码"的属性表中选择"数据"页,设置相关属性值,如图试 4-5 所示;切换到属性表的"格式"页,设置相关属性值如图试 4-6 所示。主要属性设置说明如表试 4-1 所示。

图试 4-5　综合题图 1

图试 4-6　综合题图 2

表试 4-1　组合框控件主要属性设置

属性页	属性名称	属性值	功能说明
数据	控件来源	产品代码	表示控件与窗体数据源"产品入库表"的"产品代码"字段关联
	行来源	产品信息表	表示本控件的显示来源是"产品信息表"中的某一列(字段)值,且限制用户对这列(字段)值进行编辑。"某一列"由"列数"属性值指定
	行来源类型	表/查询	
	绑定列	1	
	限于列表	是	
	允许编辑值列表	否	
格式	列数	2	指定在组合框中显示的是"行来源"表中的第 2 列,即"产品名称"字段值
	列宽	0 cm,1 cm	列宽为 0 值表示"行来源"表中的对应列不显示,如本例中组合框不显示第 1 列"产品代码"字段值而是显示表中第 2 列"产品名称"字段值

(3) 设置"接收日期"文本框的"默认值"属性值为"=Date()-1"。这使得添加新记录时,默认的接收日期是当前日期的前一天。

(4) 激活控件向导,然后在向导的引导下,将"命令按钮"控件添加到窗体中。在弹出的"命令按钮向导"对话框的"类别"项中选择"记录操作",在"操作"项中选择"添加新记录"……设置完成后如图试 3-3 所示。保存、切换到窗体视图进行调试,最后关闭窗体。

图书在版编目(CIP)数据

Access 数据库应用技术实验指导与习题选解/李湘江,汤琛主编. —北京:北京大学出版社,2019.1

ISBN 978-7-301-30090-9

Ⅰ. ①A…　Ⅱ. ①李…　②汤…　Ⅲ. ①关系数据库系统—高等学校—教学参考资料　Ⅳ. ①TP311.138

中国版本图书馆 CIP 数据核字(2018)第 272372 号

书　　　名	Access 数据库应用技术实验指导与习题选解 Access SHUJUKU YINGYONG JISHU SHIYAN ZHIDAO YU XITI XUANJIE
著作责任者	李湘江　汤　琛　主编
责任编辑	张　敏
标准书号	ISBN 978-7-301-30090-9
出版发行	北京大学出版社
地　　　址	北京市海淀区成府路 205 号　100871
网　　　址	http://www.pup.cn
电子信箱	zpup@pup.cn
新浪微博	@北京大学出版社
电　　　话	邮购部 010-62752015　发行部 010-62750672　编辑部 010-62765014
印 刷 者	长沙超峰印刷有限公司
经 销 者	新华书店
	787 毫米×1092 毫米　16 开本　9 印张　220 千字 2019 年 1 月第 1 版　2019 年 1 月第 1 次印刷
定　　　价	36.00 元

未经许可,不得以任何方式复制或抄袭本书之部分或全部内容。

版权所有,侵权必究

举报电话:010-62752024　电子信箱:fd@pup.pku.edu.cn

图书如有印装质量问题,请与出版部联系,电话:010-62756370